濃い内容がサクッと読める！

先読み！ IT×ビジネス講座

QUANTUM COMPUTER

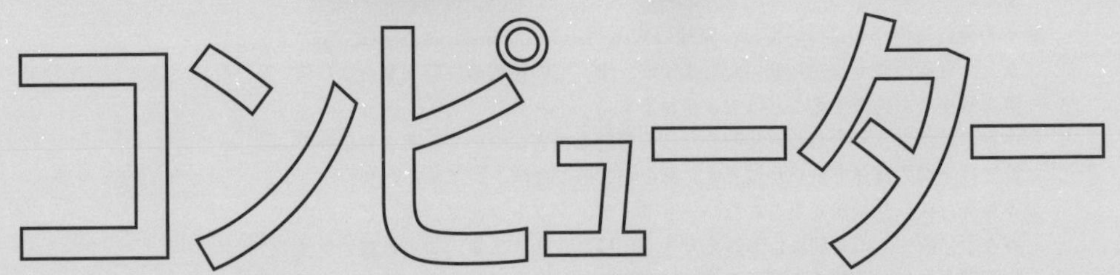

blueqat株式会社
湊 雄一郎
聞き手:ITライター
酒井麻里子

インプレス

はじめに

最近ニュースでは「量子コンピューター」とよばれる、これまでのコンピューターとはまったく異なる原理で動作する新しい計算機が話題になっています。数年ごとになにかしらのトピックが提供され、そのたびにニュースなどで取り上げられる量子コンピューターですが、2023年3月、理化学研究所が富士通などと開発を進めていた「国産初号機」を公開し、クラウド経由で外部からの利用が可能になりました。これによって一気に注目度合いが増しているのが本書執筆時点の状況です。

量子コンピューターでは、スーパーコンピューターで何年もかかるような計算処理を現実的な時間で行えるとされています。そのため、量子コンピューターの実用化によりさまざまな分野でイノベーションが加速することが期待されています。今回の国産初号機は、その道筋の端緒といえるでしょう。

私たちが馴染んでいる従来型のコンピューターは、演算を行う半導体のサイズをどんどん微細化することによって回路を増やし、性能を伸ばしてきました。この微細化が限界に近づいており、それを突破するのが量子コンピューターといわれています。量子コンピューターは単に次世代のコンピューター資源として注目されているだけではなく、量子力学とよばれる物理の法則にもとづいて行われている計算をうまく使うことで、原理的に今のコンピューターではまったくできない計算を行ってみようというチャレンジでもあるのです。

実現にはハードルがあるが、それ以上に大きいインパクト

しかし、現時点では多くのハードルが立ちはだかっているのもまた事実です。詳しくはこのあとの各章で触れますが、「量子」というあまりに微細な物理世界で計算を行うため、たとえばエラーが起こりやすいという問題があります。また、計算に使う量子ビットの数を増やすのも難しく、大きな課題の1つです。そのため世界中の企業や研究機関が開発競争をしていますが、従来型のコンピューターと同程度に実用的になるにはまだまだ長い年月がかかると予想されています。これは量子コンピューターにまつわるネガティブな要素の1つです。実現の見通しが不透明な分野におカネや人材を投資しづらく、それが量子コンピューターの開発の障壁につながっています。

それでも、量子コンピューターにかかる期待が現実のものとなった暁には、非常に大きな、そして世界的なインパクトがあるでしょう。

そのため海外、とくにアメリカでは全土をあげて、大学教育をはじめとし研究所や企業が量子技術を取り扱い始めており、日本でも多くの企業や大学が量子分野に力を入れて取り組んでいます。

この本ではなるべく平易に、たとえ話を盛り込みながら量子コンピューターの技術や展望などをまとめて、1人でも多くの人が量子コンピューターの明るい未来から恩恵を受けられるようにとの願いを込めてつくりました。ぜひ皆さんの目で量子コンピューターの技術に触れて、これからの未来にどのような社会が実現されていくか、本書を通じて夢を膨らませていただければと思います。

湊 雄一郎

CONTENTS

プロローグ

「量子コンピューター」にはどんな可能性があるの？

「国内初号機」も話題の量子コンピューターとは？

2023年3月に量子コンピューターの「国内初号機」が発表され、ニュースなどでも取り上げられて話題となりました。報道映像などで見る量子コンピューターは、不思議な形状をした巨大な設備で、私たちが普段使っているパソコンとは似ても似つかない姿のようにも思えます。また、用途についても、漠然と「すごいことができそうだ」というイメージを抱いているだけで、具体的にどう使われるのかを理解できている人は少ないかもしれません。私たち一般人にとっては、日常で直接接する機会もほとんどなく、どこか「遠い存在」のようになっているのが事実です。

量子コンピューター研究の歴史は意外と古く、最初にその原理が構想されたのは1980年代にさかのぼります。それにもかかわらず、まだ十分な実用化レベルには達しておらず、将来に向けた模索が行われている段階です。そこまで長い年月をかけても開発が進められているのは、今のコンピューターでは時間がかかりすぎてしまう計算や、今のコンピューターには行えない計算が、量子コンピューターによって可能になると期待されているためです。

初歩の初歩からじっくり教えてもらいます

本書では、量子コンピューティング企業であるblueqat株式会社の代表である湊雄一郎さんに、量子コンピューターを基礎から教えていただきました。湊さんの会社では、量子コンピューターのアルゴリズムを利用したアプリケーション開発などを手がけているとのこと。本書の第5章で使用しているシミュレーター「qplat」も、湊さんの会社の技術を使って開発されたものです。また、湊さんは、2019年に刊行された『いちばんやさしい量子コンピューターの教本』（インプレス）の著者でもあります。そんな量子コンピューターの業界に熟知したスペシャリストに、ごく初歩的なことから質問しながら、じっくり説明してもらいました。

難しい物理・化学の知識や数式は登場しません！

量子コンピューターとはなにか、なぜ必要なのかといったことだけでなく、「そもそも量子って何？」「量子コンピューターの前に、通常のパソコンなどはどんな仕組みで動いているの？」といった基本的なことも1つずつ丁寧に掘り下げているので、「量子コンピューターがどんなものなのか、さっぱり見当もつかない」という方でも問題ありません。

また、「量子」という単語から、物理・化学が苦手だからとひるんでしまう人もいるかもしれません。本書の一部では中学や高校で学ぶ物理・化学分野の知識に触れていますが、高度な知識は必要としていないのでご安心ください。また、難しい数式も一切登場しません。物理・化学アレルギーの方、数学アレルギーの方でも抵抗なく読み進められるようになっています。

いままで漠然としていた「量子コンピューター」を理解できるよう、しっかり学んでいきたいと思います！

登場人物
聞き手
ITライター
酒井麻里子さん
blueqat株式会社
代表取締役
湊雄一郎さん

Chapter

1

量子コンピューターの何がすごいのか

量子コンピューターって、一体何がすごいの？

日本初号機の稼働で注目を集める

2023年3月に国産初号機の量子コンピューターが稼働を開始し、ニュースなどで取り上げられているのを見かける機会が増えました。これは理化学研究所（理研）が国内の研究機関や企業と共同開発したもので、クラウドサービスを通じて外部から利用することも可能になっています。

これまでも海外企業が開発した量子コンピューターが日本国内に設置されていましたが、今回稼働したものは日本の研究機関や企業による初めての「国産」となります。国際的な開発競争が進むなかで、日本がどう存在感を示していくのかという側面でも注目されています。

1-0-1 国産初号機の量子コンピューターは、理研などが共同開発。2023年3月から稼働している
Copyright：RIKEN Center for Quantum Computing

量子コンピューターに対して、漠然と「すごい性能を持っていそう」というイメージを抱いているものの、実際にできることやその仕組み、一般的なコンピューターとの違いなどについては理解しづらいと感じている方も多いかもしれません。

量子コンピューターの研究自体は1980年代から行われています。それにもかかわらず、一般の生活者にとって身近に感じられなかったり、どんな使われ方をするのかをイメージしづらかったりするのは、その性能がまだまだ開発途上にあり、研究者でさえ今後どのように進化していくのかを十分に予測しきれない部分があるためです。

まずは「量子コンピューターとは何か」を知ろう

この章では、量子コンピューターが注目されている背景や、そもそもなぜ量子コンピューターが必要なのかといった初歩的なところから始め、一般のパソコンやスーパーコンピューターとの違いや、これまでの開発の歴史、国内外の開発競争の現状などについて解説していきます。さらに、実際に量子コンピューターを使うにはどんな方法があるのかについても紹介しています。

量子に関する物理学的な説明や、量子コンピューターの詳細な仕組みの解説は後の章にゆずり、まずは「量子コンピューターとは何か」「なぜ必要とされているのか」をざっくりと理解することをめざしています。

1-0-2 この章を通して、量子コンピューターとは何か、なぜ必要なのかといった全体像を大まかに理解できる

Chapter1
1 なぜ今、量子コンピューターが話題なの?

そもそも、なぜ量子コンピューターがいま話題になっているのでしょうか? その背景や、日本での量子コンピューター開発のこれまでの流れなどを湊さんにお聞きしました。

国産初号機の稼働開始で注目を集める

最近、**「量子コンピューター」**の名前を聞くことが増えたように感じます。なぜ今、量子コンピューターが話題になっているのでしょうか?

2023年3月に**国産初の量子コンピューター**が稼働を開始したことが大きいでしょうね。

ニュースなどで取り上げられていましたね。この国産初号機というのはどんなものなんですか?

理化学研究所（理研）などによって開発されたもので、いくつかある量子コンピューターの方式のうち、超伝導方式とよばれるものになります。

理研と産業技術総合研究所、情報通信研究機構、大阪大学、富士通、NTTによる共同研究グループが、国産初号機となる量子コンピューターを整備。インターネット経由で外部から利用できる「量子計算クラウドサービス」を2023年3月27日に開始した。

国産初ということは、海外ではすでに量子コンピューターは作られてきたということですか？

すでに各国で開発されていますよ。たとえばアメリカのIBM社では、2016年に最初の量子コンピューターを公開し、**2019年には商用量子コンピューターの販売も開始**しています。

けっこう前からあったんですね。

ちなみにIBMは、その後もより高性能な量子コンピューターを発表し続けていて、2022年に発表された「IBM Osprey」では過去最高となる433量子ビットのプロセッサーを備えています。

量子ビット数は、量子コンピューターの性能を左右する。基本的に数が大きいほど性能は高くなる（98ページ参照）

ということは、日本は海外に比べて遅れをとっているんですか？

そんなことはないですよ。日本は物理分野の研究に強く、量子コンピューターの研究も早い段階から着手していました。じつは**超伝導量子コンピューターの最初の素子を開発したのは日本人**なんです。

1-1-1 理研が公開した国産量子コンピューター初号機。企業などが外部から利用できるクラウドサービスも開始された
Copyright：RIKEN Center for Quantum Computing

理研の量子コンピュータ研究センターでセンター長を務める中村泰信氏が超伝導量子コンピューターの量子ビット素子の開発を手がけた。

それはすごいですね！ 超伝導方式というのは、今回の国内初号機と同じタイプですね。

開発したのは量子コンピューターそのものではなく、あくまでも素子という量子コンピューターを構成する部品ですが、日本は従来から量子コンピューターに強い土壌があるんですよ。

日本の研究者が活躍している分野だったんですね。

このほかに、少し前に話題となった量子アニーリングとよばれるタイプの量子コンピューターは、東京工業大学の西森秀稔氏がその概念を発案したことで日本国内で注目されていた経緯があります。

以前から日本でもさかんに研究が行われていたところに、初の国産量子コンピューターが登場したことで、盛り上がりをみせている状況ということですね。今後が楽しみです。

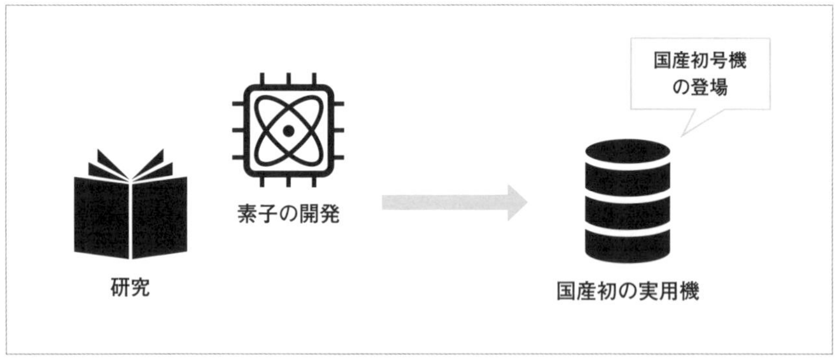

1-1-2 日本でも量子コンピューターの研究は早い段階から行われていたが、実用マシンが登場したのは今回が初となる

Chapter1

2 そもそも量子コンピューターはなぜ必要なの？

量子コンピューターが必要とされている背景には、どのような理由があるのでしょうか？ 従来型のコンピューター（古典コンピューター）の限界について理解しておきましょう。

今のコンピューターには限界がある

そもそも、なぜ量子コンピューターにそこまでの期待がかけられているんでしょうか？

一言でいうと、これまで使われてきた従来型のコンピューターには**「限界」**があるからなんです。

従来型のコンピューターというのは、私たちが普段使うような一般的なパソコンのことですか？

一般的なパソコンからスーパーコンピューターまで含めたもので、**「古典コンピューター」**とよばれることもあります。

限界というのは、性能面でこれ以上向上させるのが難しくなるということですか？

そうですね。古典コンピューターでは、半導体のチップを使って計算を行います。そして半導体の性能は、1年半〜2年ごとに2倍ずつくらいのペースで性能が上がるとされているんです。

そんな速いペースで性能が上がっているんですね！

半導体の性能向上についての法則は「ムーアの法則」とよばれる。これは、インテル共同創業者のゴードン・ムーアが1965年に発表したもので、「半導体の性能は18〜24か月ごとに2倍になる」とした予測。

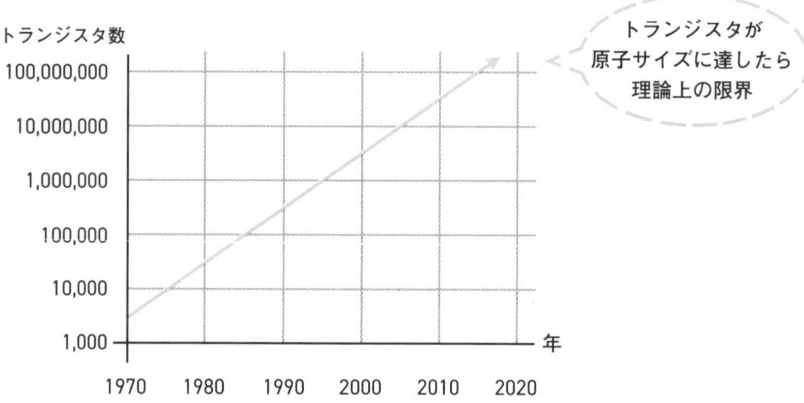

1-2-1 ムーアの法則では、半導体の性能は18〜24か月ごとに2倍になるとされている。そしてこれには限界がある

性能を高くするには、チップとよばれる部品の1つひとつを小さくして、そこにたくさんのスイッチを詰め込む必要があります。でも、その**サイズが一定以下になると物理法則が変わってしまい、従来の方法では計算ができなくなる**ことがわかっているんです。

あまりに小さくなりすぎて、これまでの常識が通用しなくなるようなイメージでしょうか？ その場合はどうなるんですか？

一定のラインより小さくなった場合は、**「量子の世界」**とよばれる非常にサイズが小さいものに適用される物理法則を使う必要が生じます。そしてそのためには、量子の世界に合わせたコンピューターを作らなくてはならないんです。

なるほど！ それが量子コンピューターということですか？

その通りです。じつは今、スイッチのサイズが物理法則の変わるラインの限界にかなり近づいている状況なんです。その限界を超えた後に、これまで古典コンピューターで行ってきた計算を継続するためには量子コンピューターが必要になるのではと考えられています。

ちなみに、この限界というのは、私たちが日常の書類作成やインターネット閲覧で使うような一般的なパソコンにも、なにか影響があるのでしょうか？

限界が来るというのは一般向けの使い方ではなく、高度な計算が求められる分野の話です。なので、量子コンピューターが使われるのも、当面はそういった研究開発の領域になりますね。

それはちょっと安心しました。

そのほかに、量子コンピューターでしか行えない計算もあり、そのためにも量子コンピューターが求められています。

従来型のコンピューターの性能向上に限界が訪れることが予測されていることや、量子コンピューターでしか行えない計算があることから、量子コンピューターが必要とされているんですね。

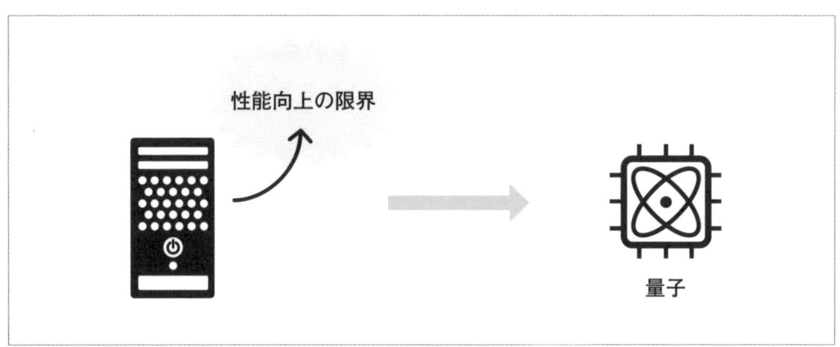

1-2-2 従来型のコンピューターの性能向上が限界に達した後も計算を継続するためには、量子コンピューターが必要

Chapter1 3

従来のコンピューターとは何が違うの？

私たちが普段使う一般的なパソコンや、高度な計算を行うスーパーコンピューターと、量子コンピューターはなにが違うのでしょうか？ 仕組みの違いを知っておきましょう。

量子コンピューターにしかできないことがある？

従来型のコンピューターでも量子コンピューターでも、できることは同じなんでしょうか？

理論的には同じか同等以上とされています。今のコンピューターできることは全部できたうえで、さらに量子コンピュータにしかできないことがあるということですね。

ということは、量子コンピューターがあれば、今のコンピューターは不要になるのですか？

それが、そういうわけにはいかないんですよ。量子コンピューターはエラーが非常に多いので、今使われている古典コンピューターと同じことをさせるのは効率的ではないと考えられています。

同じことができるというのはあくまでも理論上の話で、実際には難しいのですね。

遠い将来はできるようになる可能性もありますが、当面は難しいでしょうね。そこで、まずは先に量子コンピュータにしかできない計算に活用していこうということで、現在開発が進んでいます。

量子コンピュータしかできないことというのは、具体的にはどんなことですか？

これには、量子コンピューターの仕組みが関係してきます。まず、通常の**デジタルの世界では、「0」と「1」で情報を処理**しています。

現在使われている一般的なコンピューターが情報を処理するときのルールということですね。

一方で**量子コンピューターの場合は、0と1の2つの値が重なり合った状態**にすることができるんです。

えっ？ どういうことでしょう？

これは、量子が「粒」と「波」の両方の性質を持つことが大きく関係しています。私たちが普段生活している世界では、基本的に粒は粒、波は波で別のものですよね。でも、量子力学の世界では粒を波にしたり、波を粒にしたりできるという不思議な性質があるんです。

うーん。いまいちピンときません。

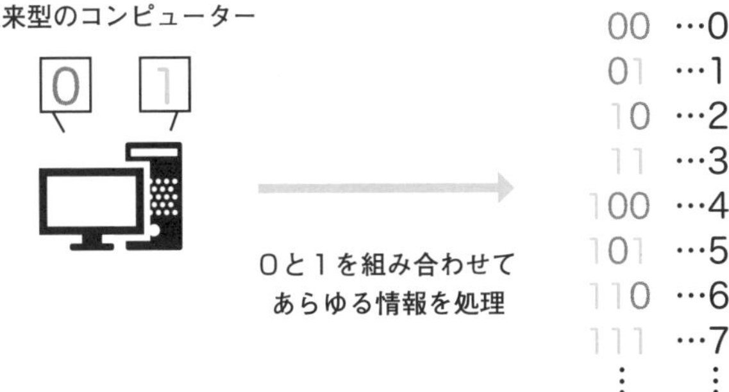

1-3-1 従来型のコンピューターは0と1を組み合わせて情報を処理する。これを二進数という。この図の00、01、10～111が二進数で、右側の数字がそれぞれを十進数にしたもの

物理学的な話は第3章で詳しく解説しますね。ここではひとまず、「そういうもの」として捉えてください。

その性質が、量子コンピューターでできることや性能に関係するということですか？

量子コンピューターは粒と波を使い分けることが可能です。そして、その性質を利用すると、**「0と1が重なり合った状態」**を実現できるのです。

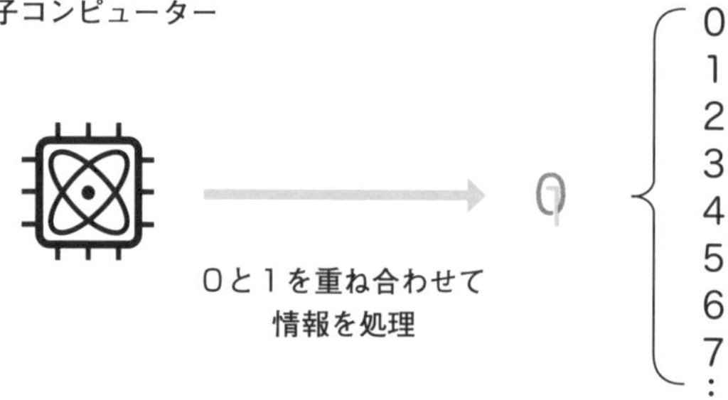

1-3-2 量子コンピューターでは0と1が重なり合った状態で情報を処理できる。重なり合うことで、あらゆる数を一度に表せる

0と1が重なり合った状態にすることには、どんなメリットがあるんですか？

これまでのコンピューターではできなかったり困難だったりした、**暗号解読や化学計算、材料開発などの計算**が可能になるのではと期待されています。

計算できることが増えるという感じですか？

そうですね、この性質を使ってうまく問題が設定できれば、今のコンピューターではできないことができるようになると考えられています。

不思議な感じですが、その性質があるから高度な計算が可能になるということなんですね。

ただし、これはあくまでも量子コンピューターを使うのに適した特定の計算のみで、それ以外の計算はむしろ従来型のコンピューターより遅くなってしまうという課題もあります。

万能というわけではないんですね。

スーパーコンピューターとの違いは？

高度な計算を行うコンピューターというと、「富岳」のようなスーパーコンピューター（スパコン）が思い浮かびますが、量子コンピューターとスパコンは何が違うんですか？

スパコンも従来型コンピューターの一種になります。原理としては一般のパソコンと同じで、簡単にいうと、たくさんのチップを並べて大きくすることで高度な計算を可能にしたものです。

そもそもの仕組みが量子コンピューターとスパコンでは異なるということなんですね。

そうですね。今のスパコンでは計算できない、あるいは膨大な計算時間がかかるものを、波の原理を使うことで計算できるようにすることが、量子コンピューター開発のおもな目的です。

量子コンピューターの立ち位置がなんとなく見えてきました。

Chapter1 4

量子コンピューター開発の歴史を知ろう

量子コンピューターが考案されてから現在までには、どのような流れがあったのでしょうか？ 1980年代から今に至るまでの経緯を湊さんに教えてもらいました。

過去数回のブームを経て商用段階へ

量子コンピューターは、いつ頃から作られているものなんですか？

量子コンピューターの最初の原理が考えられて、ソフトウェアが構想され始めたのは1985年頃ですね。

そんな前なんですね！ この時点ではまだ、実際に量子コンピューターが作られたわけではないということですか？

そうですね。原理が考案されて、「こういうことができるのではないか」と予測されるようになったのがこの時期です。それによって、1980〜90年代に最初の量子コンピューターブームが起こりました。

このときに実現が期待されていたのは、どのようなことですか？

暗号解読や検索、化学計算などが速くなるといわれていました。現在の量子コンピューターがめざしているものと変わりませんね。その後ブームは落ち着きますが、2000年代に量子コンピューターを作れる見込みがたち、再び注目されました。

それまではあくまでも理論上の話だったものが、現実味を帯びてきたということですね。

そして**2015年頃からは、IBMやGoogleが実際に量子コンピューターを作り始め、開発競争が激化**していきました。

今後も新方式の登場が期待される

今後の量子コンピューターの開発はどんなふうに進んでいきそうですか？

2023年は、アメリカや中国から新しいマシンが登場すると期待されていて、より面白くなっていきそうです。

新しいマシンというのは、具体的にどんなものですか？

国産初号機とは異なる**半導体方式**のほか、**イオントラップ方式**や**冷却原子方式**とよばれるタイプで新しいマシンが期待されています。

1980年代に構想が生まれて、2010年代に実際のコンピューターが作られ、今後もまだまだ進歩の続く世界なんですね。

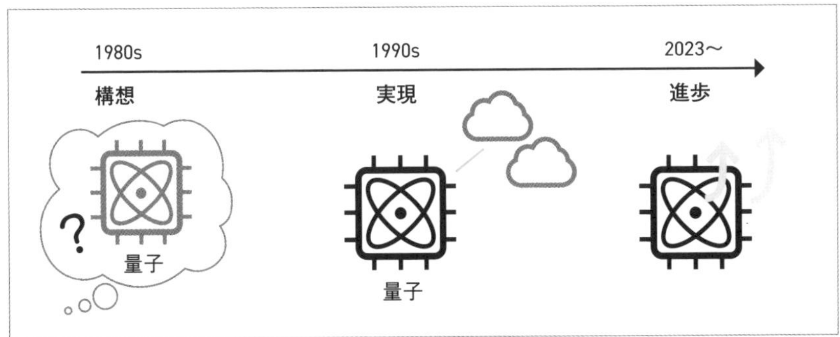

1-4-1 量子コンピューターは1980年代から構想されていた。実機が登場したのは2010年代、現在も進歩が続く

Chapter1
5

量子コンピューターをめぐる国内外の状況

量子コンピューターは、アメリカや中国をはじめ世界の各国で開発競争が行われています。日本はそのなかで、どのような立ち位置にいるのでしょうか？ 各国の状況を把握しておきましょう。

国産初号機の登場で起きることは？

国産初号機の登場で、日本の企業などでも量子コンピューターが使われる状況が広がっていくのでしょうか？

そうですね。日本の初号機を使って、研究開発をしていく流れになることは間違いないと思います。

具体的には、どのような分野で使われていくんですか？

まずは**バッテリーなどの材料系の研究開発や化学計算**が中心になると思います。

ということは、私たち一般の生活者に何か影響するような変化がすぐに起きるというわけではないということですか？

現時点では一般の人の生活に影響するものではありません。これまでスーパーコンピューターを使って行われていた材料計算を量子コンピューターにスライドさせることをめざしている段階です。

専門領域の研究開発や計算で、新しい動きが起きるということなんですね。

海外の量子コンピューター開発状況は？

ちなみに、日本初号機と海外で開発されている量子コンピューターには違いがあるのでしょうか？

いちばんの違いは性能面ですね。量子コンピューターの性能は、計算に使われる素子（量子）が何粒あるかを示す**「ビット数」**と、その1つひとつの粒の計算能力の2点で決まります。

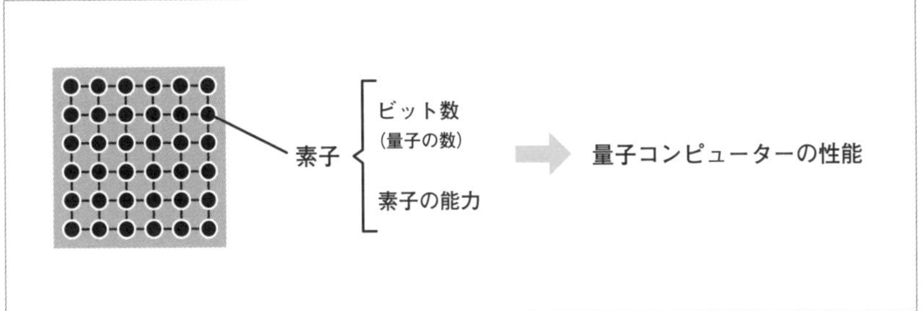

1-5-1　量子コンピューターの性能は、素子（量子）の数を示す「ビット数」および、その素子の能力で決定される

日本初号機と、海外で作られているものはどちらが高性能なんですか？

日本初号機は64量子ビットですが、アメリカのIBMは2023年に1121量子ビットの超伝導方式量子コンピューターのシステムの公開を予定しています。

ずいぶん違うんですね。ちなみに、このIBMの量子コンピューターを日本から使うことはできるんですか？

一般的なパソコンを使ってクラウド経由で利用できるものもありますよ。

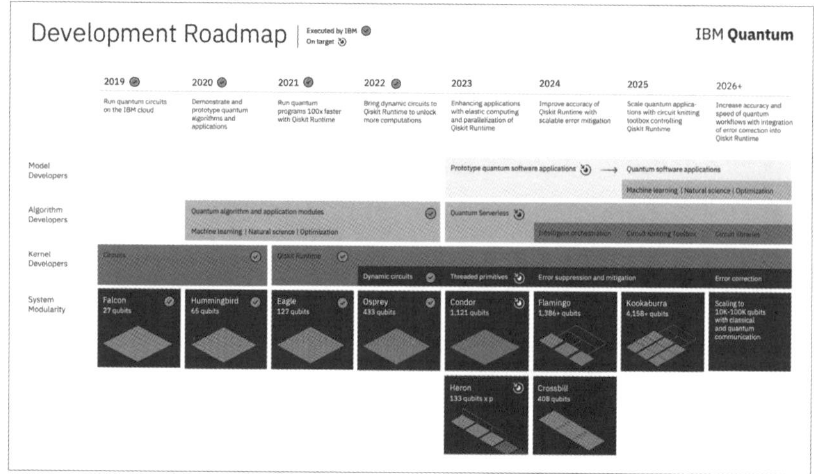

1-5-2 IBM社では、量子コンピューターの処理速度や規模、品質向上の計画を記載した開発ロードマップを公開している。本書刊行時点では433量子ビットまで開発できていることがわかる
出典：https://www.ibm.com/quantum/roadmap

そうなると、国産のものを使わずにクラウド経由でIBMの量子コンピューターを使えばいいということになりませんか？

たしかにそうなんですが、何らかの理由で海外のものが使えない状況になったときに、日本国内に国産量子コンピューターの実機があることが重要になるという観点もあるのかなと思います。

アメリカや中国が先導しているとのことでしたが、そのほかに量子コンピューターの開発に力を入れている国はありますか？

アメリカ、中国に続く三番手くらいの位置に日本やヨーロッパがいるという感じですね。

国ごとに得意な方式に違いはある？

ところで、量子コンピューターにもいくつかの方式があるようですが、国ごとに得意とするものが違ったりするんでしょうか？

商用化を前提とした量子コンピューターの方式には、超伝導方式のほかに、イオントラップ方式、冷却原子方式、半導体（シリコン）方式、光方式の5種類があり、国によって得意とする方式が違います。

日本は初号機の超伝導方式のほかにも、日本が得意としている方式はありますか？

日本は超伝導と光、半導体に強みを持ちます。ヨーロッパは国によって違い、イギリスは超伝導と半導体と光、フランスは冷却原子など細かく分かれます。

アメリカはどうでしょう？

アメリカはすべての方式に強いという感じですね。

国	方式（企業など）
アメリカ	超伝導（IBM）、イオントラップ（IonQ）、冷却原子（QuEra）、半導体（Intel）、光（PsiQuantum）
日本	超伝導（理研、富士通、NEC）、半導体（日立）、光（NTT）
イギリス	超伝導（OQC）、半導体（Quantum Motion）
フランス	冷却原子（Pasqal）
中国	超伝導（本源量子）、光（TuringQ）

1-5-3 量子コンピューターの主要方式は5つあり、どの方式に強みを持つかは国ごとに異なる

アメリカがそこまで先行できる理由は、どこにあるんですか？

やはり、基礎研究の層が非常に厚いことや、投資がしっかり行われていることが大きいでしょうね。でも、いちばん大きいのは失敗を恐れずにチャレンジする人が多いことかもしれません。

それは、失敗した場合のフォロー体制が手厚いなどの環境的な違いがあるということですか？

それが、そうでもないんですよ。アメリカでも失敗すれば人生を棒に振るような状況になることは多々あります。それでも、ほぼ失敗するとわかっていることに挑戦する人が結構いるんですよね。

文化的な違いみたいなところでしょうか？

そうですね。日本は失敗しないことを重要視する風潮が強いですが、慎重になっている間に業界のトレンドが変わり、結果的に遅れをとることになるケースは結構あります。

量子コンピューターの研究開発は各国で行われ、国ごとに得意な方式が異なること、なかでもアメリカが牽引し、そこには文化的なものも含めたさまざまな要素が影響していることがわかりました。

1-5-4 アメリカは量子コンピューター開発で世界を牽引。その背景にはさまざまな要素がある

Chapter1 6

量子コンピューターを使うには?

企業などが実際に量子コンピューターを使ってみたいと考えた場合、具体的にどのような方法があるのでしょうか? 現在提供されているサービスについて、湊さんにお聞きしました。

クラウド経由でどこからでも利用可能

企業などが実際に量子コンピューターを使う場合、どのような方法がありますか?

基本的にはどの量子コンピューターも同じで、手元のパソコンなどから**インターネット経由で接続して使う**ことになります。

クラウド型が基本なんですね。

量子コンピューターはサイズが非常に大きく、設置に場所を取るので、手元のコンピューターから計算を行い、結果だけを受け取る使い方になります。

利用者側のコンピューターにも、ある程度スペックが求められるのでしょうか?

どんなものでも大丈夫ですよ。高スペックのものである必要はありません。

ちなみに、どのくらいの金額で使えるんですか? 高そうなイメージがありますが……。

どの量子コンピューターをどのように使うかによって、かなり差がありますね。たとえば、最先端の量子コンピューターを提供しているIBMの場合、価格は公表されていないものの、**1台買うとしたら数十億円かかるといわれています**。

それは簡単には導入できませんね……。

通常は1台をいくつかの企業で共同で使うので、1社あたりの費用は数千万円になると思いますが、使えるのはごく一部の大企業などに限られるでしょうね。

もっと手軽に利用できるものもあるんですか？

Amazon Web Services（AWS）やMicrosoft Azure（マイクロソフト・アジュール）、Google Cloudなどが、**計算1回ごとに料金を支払う方式のサービス**を提供していますよ。

AWSやMicrosoft Azure、Google Cloudなどはクラウドコンピューティングサービスの名称。こういったサービスを利用することで、さまざまな用途のソフトウェアや仮想サーバーなどを、自前で用意することなくクラウドを通じて利用できる。

いずれも開発者向けクラウドサービスの定番ですね。これらのサービスの場合、利用できる量子コンピューターはどこが作ったものですか？

いろいろな企業のものが提供されていて、必要なものを選んで使うことができます。

国産初号機は共同研究利用から

ちなみに国産初号機は、希望すればどんな企業でも利用できるんですか？

まずは理研と共同研究を行う企業や研究機関がおもな対象になるでしょうね。

AWSなどで提供されているものに比べると、利用のハードルは少し高めという感じなんですね。

そうですね。これまでスパコンで行っていた計算に量子コンピューターを使うといった研究目的での用途を想定しているので、誰もが気軽に使えるという感じではありません。

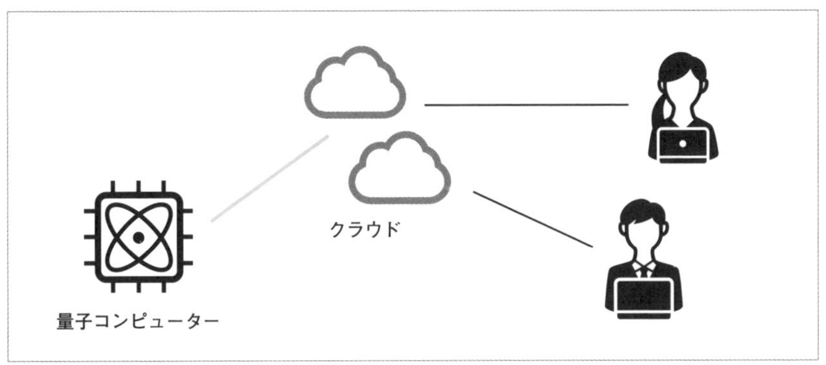

1-6-1 量子コンピューターは、開発元の企業などが設置したものをクラウド経由で利用する方法が基本となる

やはり、まずは研究用途ということになるんですね。量子コンピューターはクラウド方式での利用が基本となること、その提供方法には企業や研究機関単位で契約して使うものや、クラウドサービス経由で簡単に使えるものなどがあることがわかりました。

column

市販の量子コンピューター「Gemini」とは？

量子コンピューターはクラウド経由で利用する方法が基本だと本章で説明しましたが、じつはハードウェア自体が市販されている製品も存在します。

2022年12月に中国・深センのSpinQ Technologyが発売した「Gemini Mini」は、2量子ビットのポータブル量子コンピューター。重量14kg、本体サイズは幅35cm、奥行き26cmと、少し大きめの家電製品くらいのサイズで、日本でもネット通販で購入できます。価格は118万8000円と、決して気軽に買えるものではありませんが、本体以外に追加のコストは発生せず、一般的な室内環境で問題なく動作するなど、購入後の運用ハードルはそれほど高くありません。

この製品は、大学や研究所での教育やデモンストレーションを目的としたもので、本格的な研究に使われるような高い性能を持った製品ではありませんが、量子コンピューターに対する理解を広げるための存在として一役買っているのです。

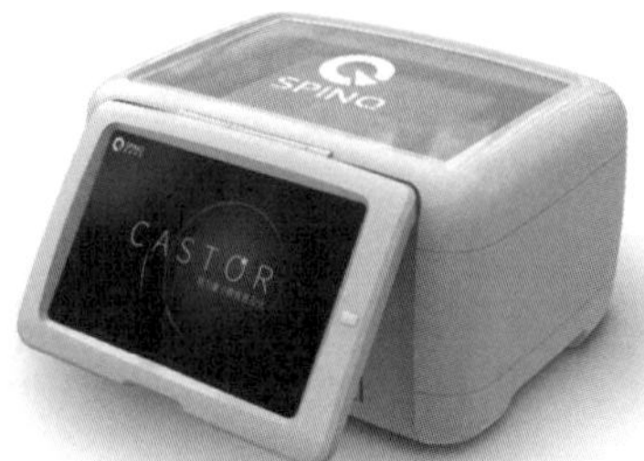

1-C-1 「Gemini Mini」は、日本代理店となっているスイッチサイエンスのECサイトで販売されている。
出典：https://www.switch-science.com/products/8678

Chapter

2

知れば知るほど面白い「量子」の世界

量子の不思議な性質を知ろう

通常の物理空間とは異なる性質を持つ

本章では、量子コンピューターに使われている「量子」について理解を深めていきます。ひとくちに量子といっても原子や電子、陽子、中性子などさまざまな物質があり、それぞれの量子を使った量子コンピューターの開発が進められています。

第1章では、量子コンピューターによって従来のコンピューターにはできない計算を可能にしたり、より効率的に計算を行えるようになることが期待されていると説明しました。そんな量子コンピューターの性能を支えているのが、量子が持つ性質、「重ね合わせ」と「量子もつれ」です。

「重ね合わせ」は量子が「粒」と「波」のどちらにもなれる性質、「量子もつれ」は複数の量子の動きを連動させることのできる性質ですが、非常に小さな物質の世界の話であるうえに、私たちの日常的な物理空間とは異なるルールを持っているので、イメージしづらいかもしれません。

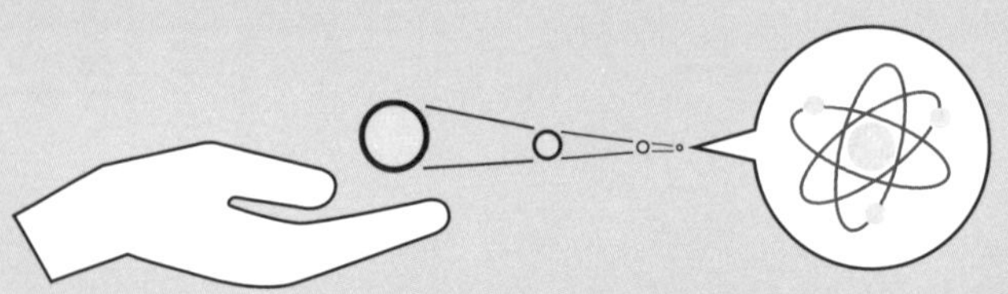

2-0-1 量子は目に見えない極小の物質のため、私たちの目に見えている世界とは別の物理法則が働く

そこで本章では、これらの性質について具体的なイメージを抱けるように、現実世界の物や現象にたとえた説明を行っています。重ね合わせやもつれといった量子の性質は、私たちが生活する世界の「常識」から考えると奇妙に思えるかもしれませんが、そんな不思議なことが起こるのが量子の世界なのです。そして、この量子の不思議な性質こそが、量子コンピューターの性能を支える根幹となっているのです。

□ 性質を知ると、量子コンピューターへの理解が深まる

この章では、量子とは何か、量子を構成するそれぞれの物質の関係から始め、量子の特徴である「重ね合わせ」と「量子もつれ」について解説していきます。原子や電子といった、中学や高校で学んだ物理・化学分野の用語も登場しますが、それらの用語の意味についても基本からしっかり解説しています。さらに、量子通信や量子センサーといった、量子コンピューター以外で量子の活用が期待されている分野についても触れています。

この量子の性質や、その性質が量子コンピューターにどう役立つのかを知ることで、この後の章もスムーズに理解できるようになるはずです。

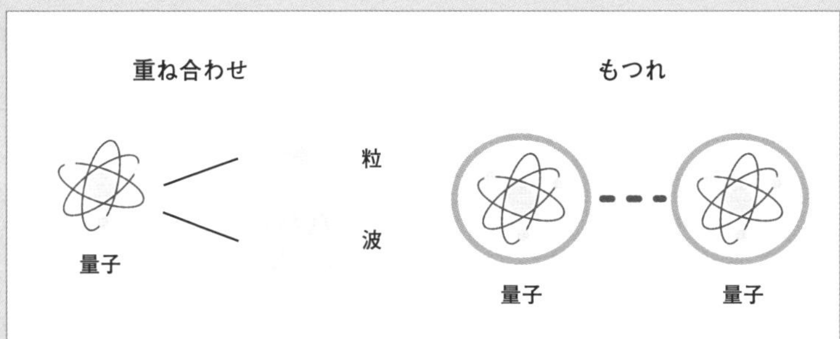

2-0-2 この章を通して、量子とは何か、「重ね合わせ」や「もつれ」といった量子の性質について理解できる

Chapter2 1

そもそも「量子」ってどんなもの？

そもそも、量子コンピューターの「量子」とは何なのでしょうか？ 物質としての量子の位置づけや量子コンピューターとの関係について湊さんに教えてもらいました。

原子や電子、陽子などはすべて「量子」

そもそもの質問ですが、**「量子」って一体何ですか**？

非常に小さい物質やエネルギーを指す言葉です。世の中のあらゆる物質は小さな粒が集まってできていて、その粒の正体が原子や電子、陽子といった「量子」なんです。

量子にもいろいろあるということですか？

その通りです。ある物質のこれ以上小さくできない状態が分子で、分子は原子で構成されていて、原子のなかには電子や原子核があり、さらに原子核は陽子と中性子で構成されています。この**原子や電子、陽子、中性子などはすべて量子**です。

非常に小さいとのことですが、それぞれどのくらいのサイズなんでしょうか？

原子は1,000万分の1ミリメートル程度、原子核はそれより小さく100億分の1ミリメートル程度とされています。

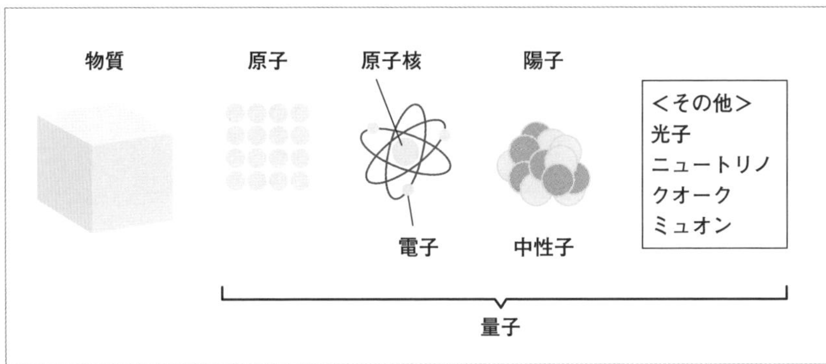

2-1-1 原子や電子、陽子、電子などはいずれも「量子」。このほかにも、光子やクオークなどさまざまな量子が存在する

想像もつかないくらい小さいですね。量子コンピューターは、これの量子のいずれかが使われているということですか？

そうです。どの量子を使うかによって量子コンピューターの方式が決まります。

方式というのは、第1章でも出てきた「超伝導方式」「イオントラップ方式」「冷却原子方式」「半導体（シリコン）方式」「光方式」ですね。

正解です。たとえば、冷却原子方式は原子、光方式は光子を使っています。

その2つは名前からも想像できますが、ほかの方式はどの量子を使っているんですか？

超伝導方式は電子が2個つながったものを使っています。また、半導体方式も電子を使っています。そして、イオントラップ方式はイオンを使った量子コンピューターです。

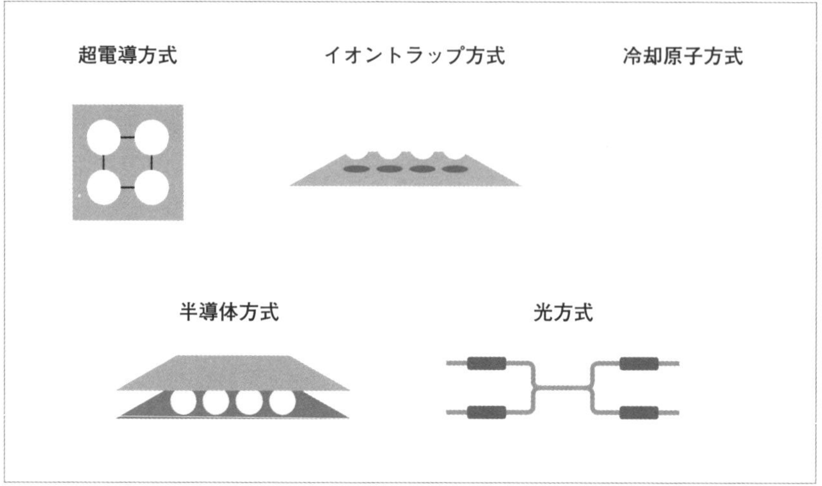

2-1-2 量子コンピューターの方式と、そこで使われている量子の種類。それぞれの量子の特徴を生かして量子コンピューターの心臓部（QPU）は作られている（72ページ参照）

「重ね合わせ」と「もつれ」の性質が鍵

量子コンピューターでは、これらの量子の性質を使って計算を行うとのことでしたが、具体的にどんな性質をどう使うんですか？

第1章でも少し説明しましたが、量子コンピューターで重要となる量子の性質は**「重ね合わせ」**と**「量子もつれ」**です。

言葉を聞いても、どんなものなのかまったく想像できません。何かと何かが重なったり、もつれたりするんですか？

簡単にいうと、粒を波にして答えを重ねて計算するものが「重ね合わせ」です。粒は重ねられないけれど、波は重ねることができるので、その性質を使っています。

うーん。どうもイメージできません。もう1つの「量子もつれ」はどんなものですか？

「量子もつれ」は、複数の量子の粒や波同士が互いに影響し合うものです。

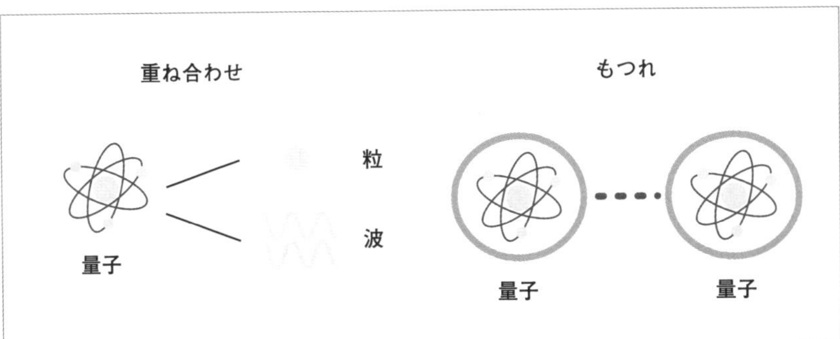

2-1-3 量子コンピューターでは、量子の特徴「重ね合わせ」と「量子もつれ」を使うことで効率的に計算を行う

複数のコンピューターが連動するようなイメージでしょうか？先ほどからたまに出てくる「粒」や「波」が、わかるようなわからないような……という感じなんですよね。

一言でいってしまえば「不思議だけれど、そういうもの」ということなんですよね。詳しくは次節以降で解説していきますね。

ついていけるようにがんばります！

この2つの性質さえわかっていれば、量子コンピューターの基本的な部分は理解できるのではないかと思います。

まず、量子は小さな物質の総称で、原子や電子、陽子、中性子などがあること、量子コンピューターで使用する量子の種類は、量子コンピューターの方式によって異なることを理解しました。

Chapter2

2 量子の特徴「重ね合わせ」とは？

量子の不思議な性質の1つが「重ね合わせ」です。「粒」と「波」や、「0」と「1」などイメージしづらい言葉が登場しますが、要するに何を意味するのでしょう？ たとえを交えて学んでいきます。

量子は「粒」と「波」の両方の性質を持つ

まず、「重ね合わせ」について教えてください。重ね合わせというのは、一体何が重なり合っているんですか？

物理的なものではなく、**「状態」の重ね合わせ**なんです。

「状態」というのは、どんな状態のことですか？

第1章で量子は粒と波のどちらにもなれる性質があると説明しましたが（21ページ参照）、その2つの状態ですね。

顕微鏡などを使えば、それぞれを見ることができるということでしょうか？

いえ、それが人間の目で確認できるのは粒だけなんです。**粒と波の両方の性質を持っているけれど、見ると粒になってしまう**という不思議な性質があるんですよ。

波の性質を検証する「二重スリット実験」

なんだか不思議ですね。でも、波は見ることができないなら、どうやって波の性質があることがわかったんですか？

「二重スリット実験」という有名な実験があります。これは、2本の細いすき間（スリット）のあるついたてとスクリーンが設置された空間に繰り返し電子を打ち込み、電子がスクリーンに当たるとどうなるかを確認することで、量子の性質を検証するものです。

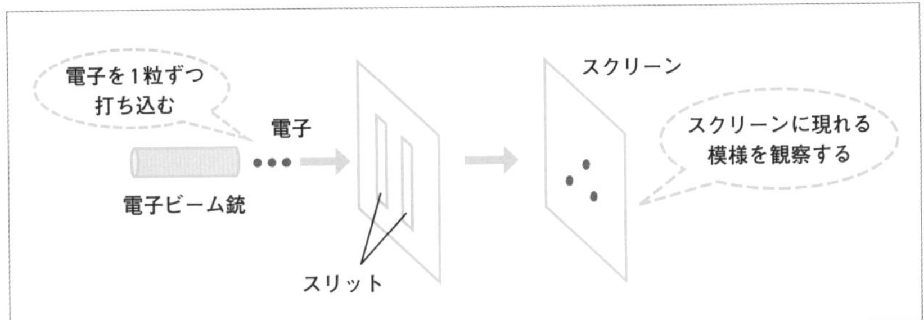

2-2-1 二重スリット実験の装置。真空のなかを発射された電子ビームが2つのスリットを通過した場合の動きを観察する

たとえばモデルガンの弾のようなものを撃った場合なら、スリットの形に弾の跡がつきそうです。

そうですね。通常の物理空間では、発射した弾はまっすぐ進み、発射装置とスリットを結んだ直線上に弾が当たります。

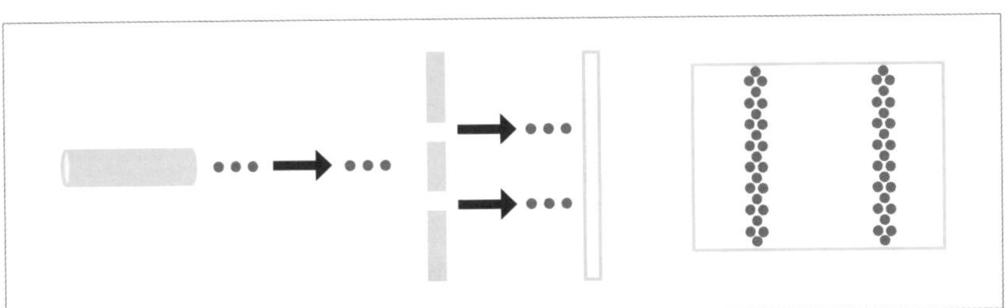

2-2-2 通常の物理空間でモデルガンの弾のようなものを発射した場合、弾は直進するのでスリットの形に跡がつく

電子の場合は違うということですか？

電子の場合は、2-2-3の図のように**縞模様が現れる**んです。これは、波がお互いに干渉して現れる「干渉縞」とよばれるもので、電子が波の性質を持っていることを表しています。

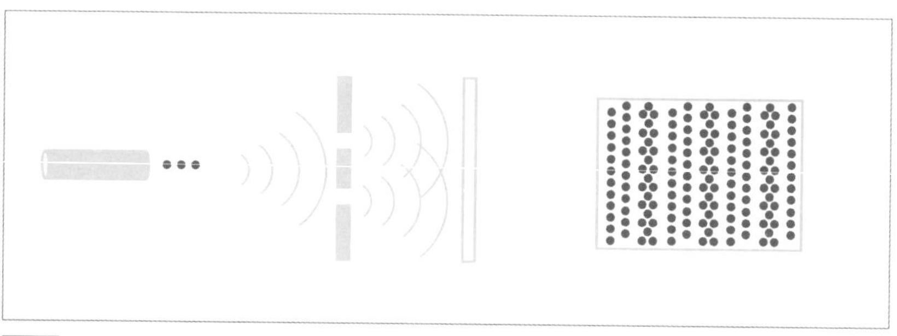

2-2-3 発射された電子ビームの跡は、スリットの形ではなく縞模様になった。これは電子が「波」の性質を持つことを意味する

それは不思議ですね。

ただし、途中にカメラを設置してどちらのスリットを通ったか確認してしまうと、前ページの図2-2-2のようにスリットの跡になります。

結果が確定するまで見ないことが条件ということですね。ちなみに、電子が粒の性質を持っていることは、どうやって確認するのですか？

電子を1発ずつ打ち込んだ場合は粒のような跡がつくので、粒の性質を持つことを確認できます。

ちなみに、この実験では電子を使っているとのことですが、ほかの量子も同じように粒と波の性質を持っているということですよね？

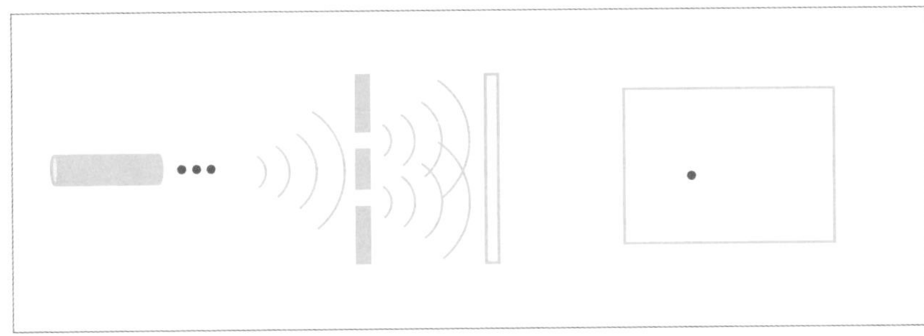

2-2-4 電子ビームを繰り返し打つのではなく、1発だけ発射した場合は粒のような跡がつく。つまり粒の性質も持っている

電子の場合、もともと粒の性質を持っていることがわかっていて、それが波の性質も持っていることを二重スリット実験で確認しました。ほかの大半の量子も同様で、「粒が波になれる」といえます。

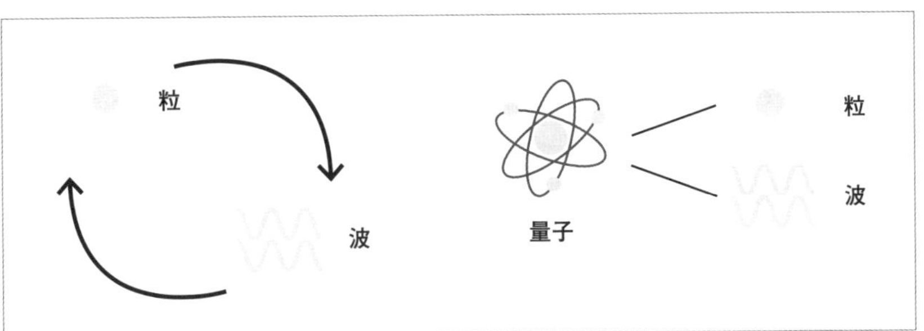

2-2-5 量子は粒の性質と波の性質を持ち、どちらの状態にもなることができる。つまり、両方の性質を持っているといえる

「0」と「1」を重ねた計算ができる

この性質が量子コンピューターの計算にどう役立つんですか？

第1章でも触れたとおり、コンピューターは、「0」と「1」で計算をします。「粒にも波にもなれる」という量子の性質を使うことで、0と1を重ね合わせた状態の計算が可能になるんです。

具体的にどんな状況ですか？

たとえば、1本の釘が打たれたパチンコ台があったとします。釘がまっすぐ打たれていた場合、パチンコの玉が左右どちらにいくのかはどのくらいの割合になると思いますか？

確率としては半々でしょうか？

そうですね。理論的に半々になるはずです。このとき、玉を打つまでは左右どちらにいくかわかりません。左を0、右を1だとすれば、その**半々の状態が「0と1が重なり合った状態」**です。

でも、玉を打てばどちらに行くかわかりますよね？

その通りです。玉を打って結果がわかった状態が、二重スリット実験でいうスクリーンに当たった状態です。ここで0と1のどちらになるかが確定します。

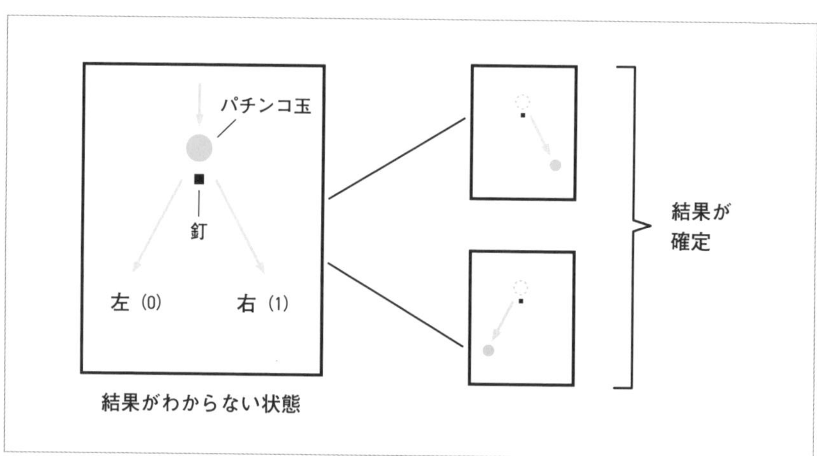

2-2-6 1本の釘が打たれたパチンコ台で玉を打つと、左右どちらかに行く。打つ前の結果がわからない状態が「重ね合わせ」

その説明を聞くとごく当たり前の現象のように思います。

そうですね。ただし、0と1の確率が半々といっても、実際にぴったり2分の1ずつにできるわけではありません。

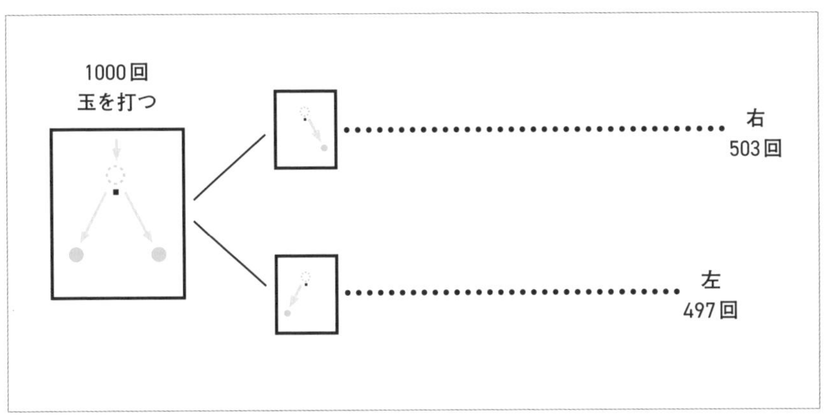

2-2-7 左右どちらに行くかの確率をぴったり1:1にすることはできない

たくさんの玉を打ってその結果を調べると、だいたいそのくらいになっているという確率の話ですね。

通常の物理学の世界では、1つの物質が0と1の両方の性質を持つことはまずありません。一方で、**量子の世界では1つの量子が2つの状態を持つことが可能**なんです。

なんだか不思議ですね。量子の性質の1つである「重ね合わせ」は、粒と波の両方の性質を持っていること、それを使うと、0と1の両方の性質を持てることを覚えました。

Chapter2
3 「量子もつれ」が計算を効率化する

量子の大きな特徴の2つ目が「量子もつれ」です。複数の量子の動きが影響し合うとのことですが、何が起きているのでしょう？ 引き続き「1本の釘を打ったパチンコ台」の例で考えていきます。

複数の量子を同時に操作する「量子もつれ」

もう1つの量子の性質**「量子もつれ」**はどんなものですか？

計算をするときに、「0」と「1」どちらの状態にするかを**複数の量子で連動させられる性質**です。

先ほどのパチンコの例でいったら、どういう状態になりますか？

10台のパチンコ台があった場合に、「最初の台で玉が右に行ったら、ほかの台も右に行く」といった動きをさせることができます。

それは、どんなメリットがあるんですか？

計算を効率化できるんです。わかりやすくするために2台で考えてみましょう。パチンコ台で玉が左右どちらに行くかの組み合わせはいくつあると思いますか？

1台目と2台目がそれぞれ、「右・右」「右・左」「左・右」「左・左」になる可能性があるので4通りですね。

そうですね。2台ならすぐに組み合わせを出せますが、10台、100台、1,000台と増えた場合、組み合わせが非常に大きくなります。

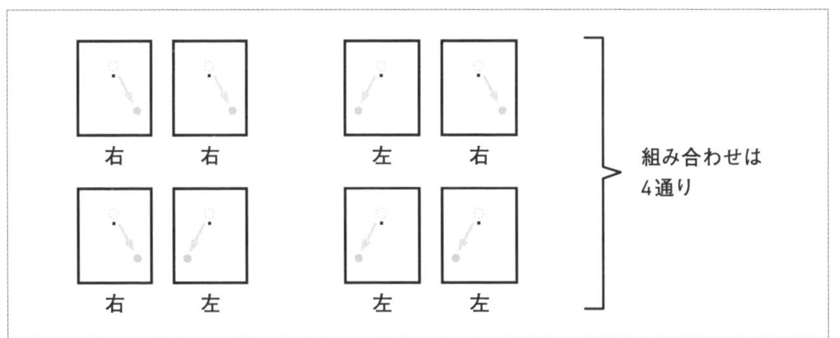

2-3-1　2台のパチンコ台の玉がどんな結果になるかの組み合わせは4通り。台の数が増えれば組み合わせはどんどん増えていく

そうですね。もし100万台とかになったら完全にお手上げです。

「量子もつれ」を使うと組み合わせの数を減らせる

そこで、「すべての台の玉は、最初の台と同じ方向に行く」とか、「玉が最初の台と同じ方向に行く台と、反対方向に行く台を半々にする」といった動きを設定します。これが「量子もつれ」です。

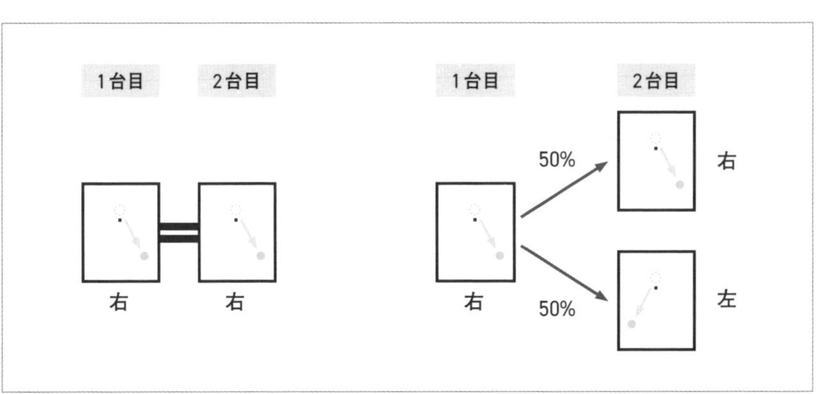

2-3-2　「量子もつれ」は、複数のパチンコ台の間で玉の動きを連動させるようなもの。ルールは必要に応じて設定できる

すべての台の玉の動きが連動する、不思議な機能がついたパチンコ台があるというイメージですね。なぜ、この性質を使うと計算が効率化できるんですか？

組み合わせの数を減らすことができます。たとえば2台のパチンコ台に、「1つ目の台の玉が右に行ったら、2つ目の台は必ず左に行く。1つ目の台の玉が左に行けば、2つ目の台は必ず右に行く」というルールづけをしてみましょう。

1つ目の台と2つ目の台で逆の動きをするルールですね。その場合の組み合わせは「右・左」「左・右」の2つしかないと思います。通常なら4通りなので半分になりましたね。

その通りです。組み合わせの数を減らすことができるんです。パチンコ台の数が増えて組み合わせが膨大になった場合、この性質が計算の効率化に非常に役立つと考えられています。

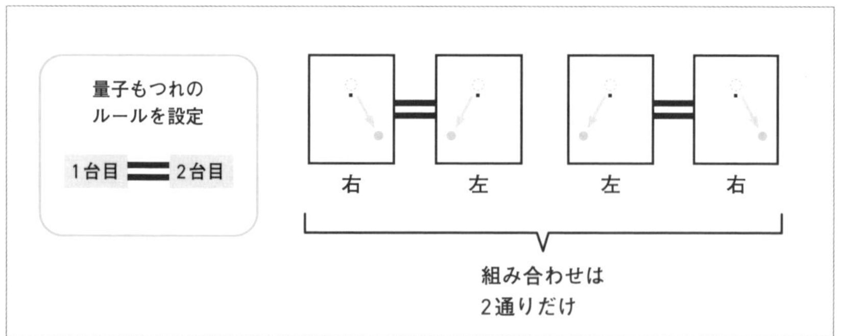

2-3-3 2つの台で玉の動きを連動させるルールを設定することで、結果の組み合わせの数を減らすことができる

ちなみに、量子もつれを起こさない選択もできるんですよね？

もちろんできますよ。もつれさせなければ、結果はすべてバラバラになります。

もつれさせるときは意図的に操作を行い、自然に起きるものではないということですね。

その通りです。**もつれの性質を使うことにメリットがある場合のみ、量子もつれを起こす設定をします。**

ありえない話だとは思いますが、もし日常の世界で量子もつれが起きたとしたら、どんな状況になりますか？

たとえるなら、「東京でマグカップを持ち上げると、その瞬間に大阪で花瓶が割れる」みたいな状況ですかね。

現実には絶対に起こりませんね。量子はそのくらい不思議な性質を持っているということなんですね。

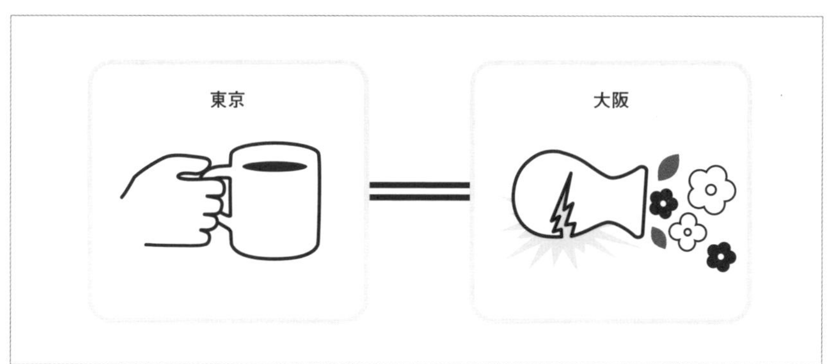

2-3-4　量子もつれを現実世界の現象にたとえるなら、離れた場所で起きる現象が瞬時に連動するようなもの

量子の世界は、通常の物理世界とはまったく異なるんですよ。

量子もつれは、複数の量子の動きをまとめて操作するもの、それを使うことで組み合わせの数が減り、**計算を効率化できる**ということですね。

Chapter2 4

量子コンピューター以外でも量子は役立つの?

量子の性質「重ね合わせ」や「もつれ」は、量子コンピューター以外の領域でも活用が期待されています。これらの性質を使った技術とその可能性について湊さんに聞きました。

高いセキュリティで期待される「量子通信」

量子コンピュータ以外にも、もつれ、重ね合わせといった量子の性質が役立つ分野はあるんですか?

「量子通信」という技術で使われていますよ。これは、量子もつれと重ね合わせを使うことで、「途中で見てしまうと状態が壊れる」状態をつくり、盗聴を防ぐ新しい通信技術です。

今のインターネットでいえば、暗号化のような技術でしょうか?

そうですね。おもにセキュリティ分野で使われます。実用化のレベルとしては、現在の量子コンピューターと同程度ですが、いろいろな研究機関などが実験を行っていますよ。

量子通信を使うことには、どんなメリットがあるんですか?

量子コンピューターを使うと、これまで解けなかった暗号が解読される可能性があるといわれています。**量子通信は非常に秘匿性が高い**ので、そういったリスクへの対策として期待されています。

なるほど。暗号が解けるようになってしまう可能性があるから、その対策についての研究も行われているという感じなんですね。

高精度なセンシング技術「量子センサー」

そのほかに、最近は**「量子センサー」**も注目を集め始めています。量子の性質を使うことで、今のセンサーで測りづらいものを測れるようにしたり、今のセンサーよりはるかに精度がいいものを作ったりしようという試みです。

量子センサーを使うことで、どんなメリットがあるんですか？

GPSがなくてもトンネル内で位置を正確に把握できるようにするといったことが可能になると期待されています。

近いうちに実用化される可能性があるということでしょうか？

すぐではありませんが、もしかしたら量子コンピューターが本当の意味で実用レベルになるより早く実現するかもしれません。

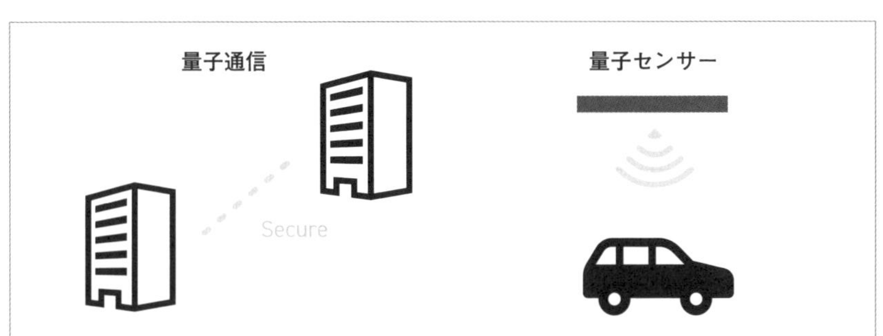

2-4-1 量子の性質を使った技術として「量子通信」や「量子センサー」などの分野が期待されている

量子コンピューターだけでなく、「量子通信」「量子センサー」などの領域でも、量子の性質を使った技術の開発が行われているということがわかりました。

column

「シュレディンガーの猫」ってどんな実験？

量子の重ね合わせを扱った有名な思考実験に、物理学者のエルヴィン・シュレディンガーが1935年に発表した「シュレディンガーの猫」があります。

箱の中に猫を閉じ込め、「放射性元素」と「放射線を検知すると作動して、毒薬が放出される装置」を設置します。放射性元素が放射線を出すと、装置が作動して猫は死ぬことになります。ただし、放射性元素がいつ放射線を出すかはわかりません。このとき、猫が生きているかどうかは、箱を開けるまでわかりません。そのため、「箱を開けるまでは猫は生きている状態と死んでいる状態が重なり合っていて、箱を開けた瞬間にどちらかに収束する」というものです。

これは、「観測するまで結果が確定しない」とする理論の不完全さに対する問題提起で、多くの科学者の間で議論が行われました。

なお、これはあくまでも思考実験であり、実際に猫が使われたわけではありません。

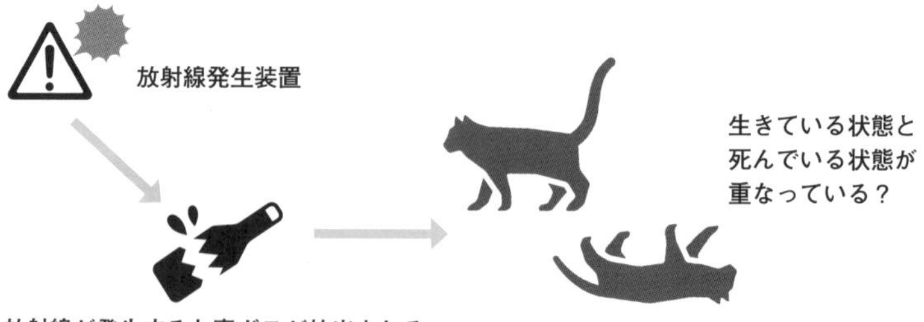
放射線発生装置
生きている状態と
死んでいる状態が
重なっている？
放射線が発生すると毒ガスが放出される

2-C-1 放射性元素から放射線が発生すると、装置が作動して毒物の入った瓶が破壊される。猫の生死は観測するまでわからない

Chapter

3

量子コンピューターの仕組みを理解する

量子コンピューターはどうやって動いている?

普通のパソコンなどとは異なる仕組みを持つ

量子コンピューターは、「0と1を重ね合わせることが可能」という量子の性質を利用して計算を行っています。そのため、一般的なパソコンなどの従来型のコンピューターとは仕組みが大きく異なります。

そもそも量子コンピューターには、従来型のコンピューターのようにキーボードやマウスのような入力装置も、情報を表示するディスプレイもありません。それどころか、データを記憶するメモリやハードディスクすら持っていないのです。

量子コンピューターには、QPU（量子プロセッシングユニット）とよばれる部分しかありません。ニュースなどで見かける量子コンピューターの写真は冷却装置などの周辺設備をあわせた設備全体の姿なので大きく見えますが、「量子コンピューターそのもの」は、それぞれの方式ごとに開発されたチップだけなのです。

ハードとソフトの違いを理解しよう

量子コンピューターは、使われている量子の種類によって5つの方式に大別できますが、これはコンピューター本体、つまりハードウェアの話です。これに加えて、実際に量子コンピューターで計算を行うには、それぞれの目的に応じたアルゴリズムが必要になります。

「重ね合わせ」と「もつれ」を使って計算をする

量子コンピューターでは、量子の性質である「重ね合わせ」と「量子もつれ」を使って計算を行います。目に見えないものだけにイメージしづらい部分ですが、本章では「コイン」や「カレーの調理」といった具体的なたとえと図解を交えながら、その仕組みについて1つずつ解説していきます。

量子コンピューターの仕組みを理解しよう

第3章では、量子コンピューターと従来型コンピューターの違いを理解するところから始め、ハードウェアとソフトウェアそれぞれの特徴や計算の仕組み、さらには量子コンピューターの性能を大きく左右する「誤り訂正」の問題などについても解説しています。本章を通して、量子コンピューターがどのように動いているのか、なぜ効率的に計算できるのか、どんな課題があるのかといったことを理解できるようになります。

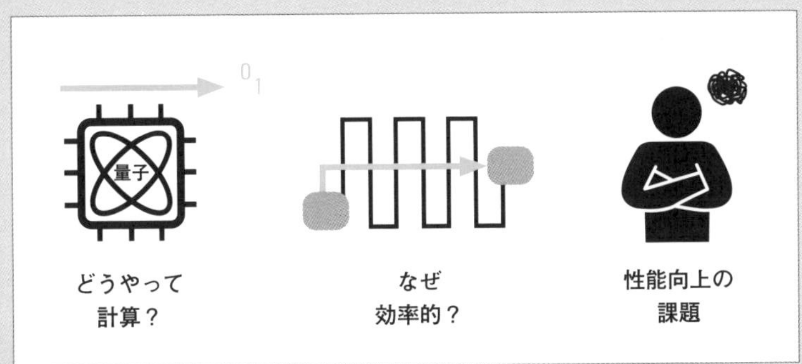

3-0-1 この章では、量子コンピューターの計算の流れや効率的に計算できる仕組み、課題などを理解できるようになる

Chapter3 1

コンピューターの仕組みを知ろう

量子コンピューターの仕組みについて学ぶ前に、まずは一般的なパソコンなどの従来型コンピューターの基本を理解しておきましょう。構造や計算の仕組みについて湊さんに教わりました。

従来型コンピューターの基本構造は？

第3章では量子コンピューターの仕組みについてお聞きしたいと思いますが、その前に改めて**従来型のコンピューター**がどうやって動いているのかを教えてください。

一般的なパソコンの場合、**入力を行うキーボードやマウス、計算を行う頭脳にあたるCPU(中央演算処理装置)、データの記憶・保存を行うメモリやストレージ、計算結果を出力するディスプレイやスピーカー**などで構成されています。

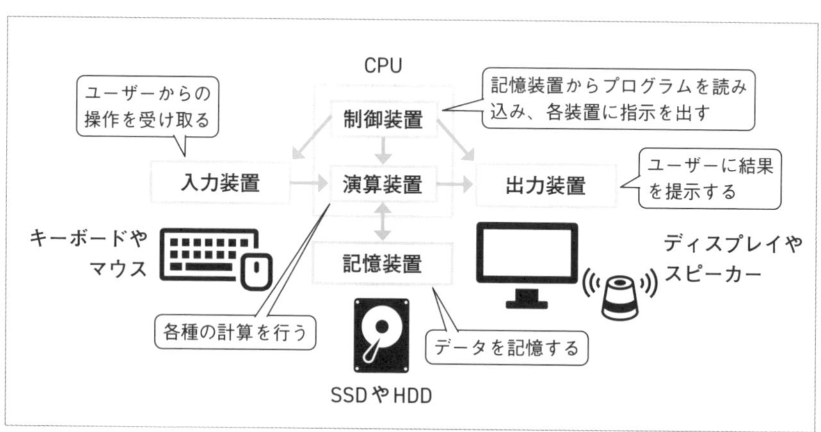

3-1-1 従来型のコンピューターは、入力装置、演算装置、制御装置、記憶装置、出力装置などで構成される

なぜ、「0」と「1」を使って計算するの？

コンピューターの内部ではどんなふうに計算が行われているんですか？

CPUにたくさんのスイッチが並んでいて、そのスイッチのオン・オフを切り替えることで計算を行います。

スイッチのオンとオフはどうやって切り替えるんでしょう？

第1章でも説明した「0」と「1」の切り替えですね。電気が流れないオフの状態を「0」、電気が流れるオンの状態を「1」として計算しています。

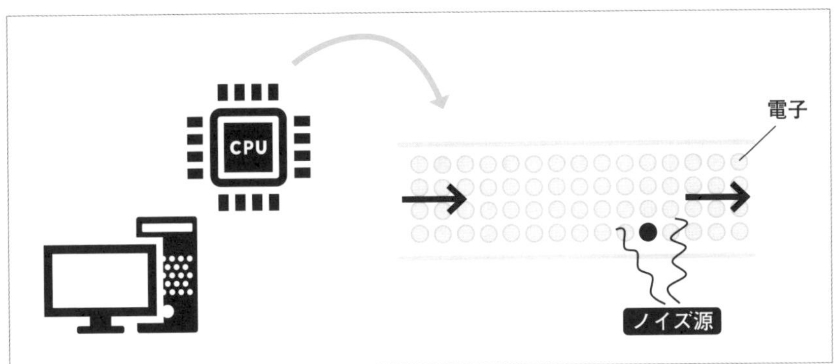

3-1-2 従来型のコンピューターでは、CPU内の回路に電気を流し、スイッチのオン・オフを切り替えることで計算を行っている

そもそも、なぜコンピューターは0と1だけで計算をしているんですか？ 私たちが普段使うような数字を使った計算ではダメなんでしょうか？

私たちが普段使っている、0から9までの数字で表現する数を**「十進数」**、0と1だけで表現する数を**「二進数」**と呼びます。

十進数の場合、0、1、2、3……と9まで進むと、桁が上がって10になりますね。

そうですね。一方で二進数の場合は、0と1しかないので、0、1の次は桁が上がって10、11となり、その次はさらに桁が上がって100、101……と進みます。

桁が増えてかえって面倒になりそうな感じもしますが……。

コンピューターは、電気を流すことで入力に対する出力を得る仕組みなので、**電気のオンとオフだけで表現できる二進数のほうが都合がよい**ということですね。

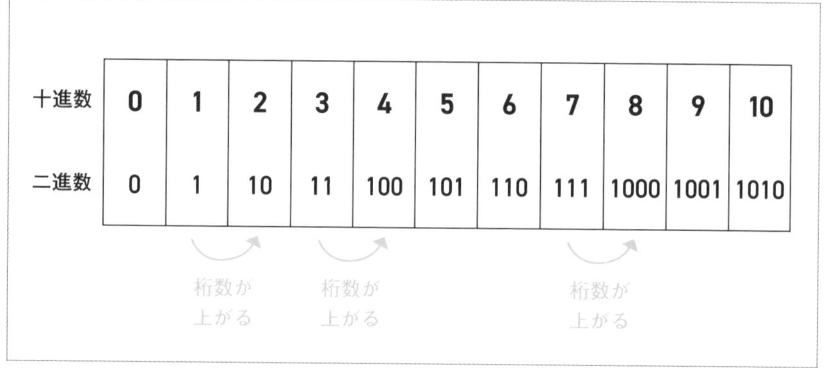

十進数	0	1	2	3	4	5	6	7	8	9	10
二進数	0	1	10	11	100	101	110	111	1000	1001	1010

3-1-3 十進数と二進数では桁の上がりかたが異なる。十進数の10を二進数で表記すると1010となる

そもそも、普段使う数字はなぜ十進数なんですかね？

両手の指の数が10本だからという説がありますね。二進数から十進数へは簡単に変換できるので、計算の過程ではコンピューターが扱いやすい形にしておくほうが、簡単でコストも抑えることができるんです。

CPUなどの素材に使われる「半導体」

従来型のコンピューターの場合、中の部品にはどんな素材が使われているんですか？

CPUやメモリなどのスイッチや配線には、**半導体**とよばれる素材が使われています。半導体は、電気を通す「導体」と、電気を通さない「不導体」の2つの状態が切り替わる素材です。

「半導体」という名称の素材があるということですか？

導体と不導体が切り替わることから「半導体」といいます。半導体の素材にもいろいろな種類がありますが、コンピューターの部品としてはシリコンが広く使われています。

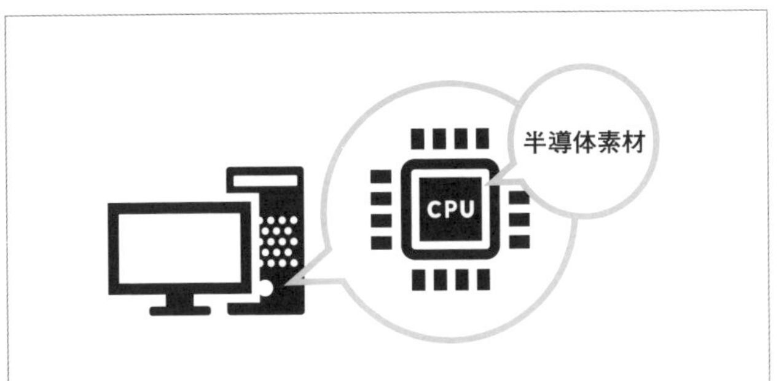

3-1-4 CPUやメモリといった従来型コンピューターの部品には、シリコンに代表される半導体素材が使われている

従来型コンピューターは入力装置と出力装置、計算を行うCPU、データの記憶・保存を行うメモリやハードディスクなどで構成されていること、計算には二進数が使われていること、CPUなどの素材には半導体が使われていることを確認できました。これを踏まえて、量子コンピューターの仕組みについて学んでいきたいと思います。

Chapter3 2

量子コンピューターの構造と仕組みは?

量子コンピューターは、従来型のコンピューターとはさまざまな部分が異なります。基本の構成や計算の仕組みについて、従来型コンピューターと比較しながら理解しましょう。

量子コンピューターは計算する部分しかない

量子コンピューターの場合にも、一般的なパソコンと同じように、CPUやメモリ、ハードディスクなどがあるのでしょうか?

いいえ。量子コンピューターは計算を行うための**QPU**とよばれるものしかないんです。

従来型のコンピューターでいうCPUのようなものですか?

そうですね。ただCPUと違って、QPUは演算しかやっていません。つまり、**「頭脳の部分しかない」**ということですね。

でも、計算結果を保存する必要はありますよね。どうしているんですか?

量子コンピューターが計算結果を人が見られる形にして取り出して、その先は従来型のコンピューターを利用しています。

難しい計算だけを量子コンピュータに任せて、その結果などは自分のパソコンに保存する形なんですね。

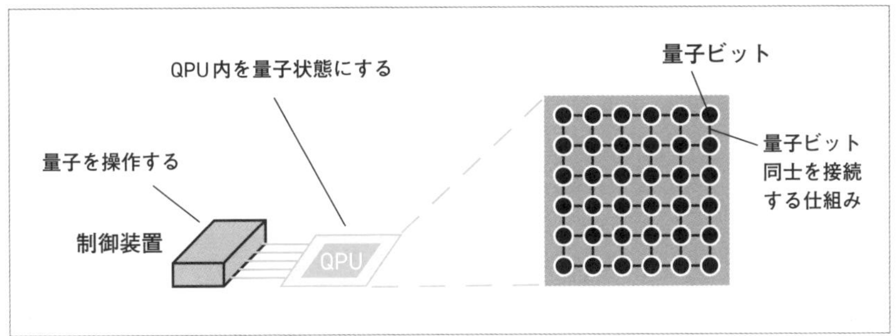

3-2-1 量子コンピューターは、演算・制御を行う「QPU」だけを持つ。入出力やデータの保存は通常のパソコンなどを使用する

計算方法にも違いはある？

従来型のコンピューターの場合、0と1の切り替えで計算しているとのことでしたが、量子コンピューターでも同じですか？

従来型のコンピューターでは電気を流して0と1の切り替えをしていますが、量子コンピューターの場合は、**量子ビットにマイクロ波という電波やレーザーなどを当てることで0と1の状態を変えています。**

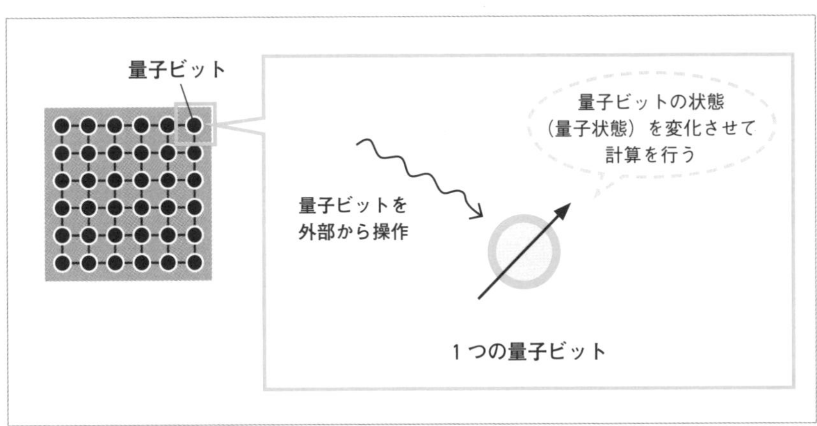

3-2-2 QPU内の量子ビット（量子）にマイクロ波やレーザーを当てることで量子の状態を操作して計算を行う。量子ビットの矢印は量子ビットの状態（0か1か、重ね合わせか）を表す

電波を当てることで、0と1の切り替え操作ができるということですか？

0と1のどちらかだけでなく、0と1を重ねた状態にもできます。

第2章で学んだ「重ね合わせ」ですね（42ページ参照）。それにしても、電気を流さずに操作できるというのは不思議な感じがします。

従来型のコンピューターは、乾電池と導線をつないで豆電球を光らせる電気回路のようなイメージです。たとえば下の図なら、矢印の方向に電気が流れますね。

これはすぐにイメージできます。コンピューターでいえば、電気が流れている状態が1でしたね。

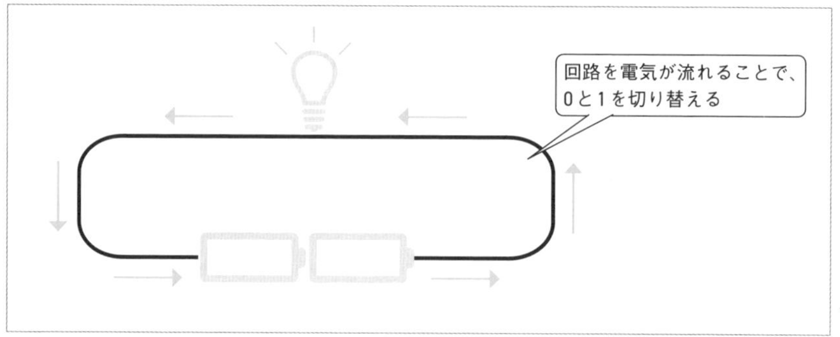
回路を電気が流れることで、
0と1を切り替える

3-2-3 従来型コンピューターの計算のイメージ。電気が回路上を流れることで0と1の信号を切り替える

一方で量子コンピューターの場合は、ピアノの鍵盤のようなものが並んでいて、それを演奏するようなイメージになります。

マイクロ波を当てるのが、鍵盤の演奏にあたるということですか？

そうです。量子ビットが鍵盤に相当し、そこにマイクロ波やレーザーを当てることで0と1を切り替えたり、両方を重ね合わせた状態にしたりすることが演奏にあたります。

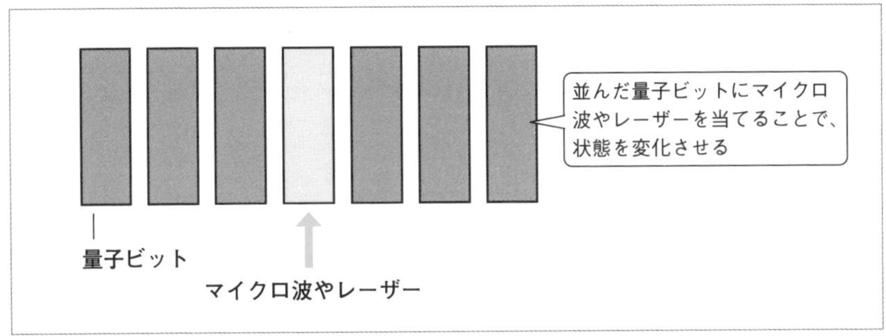
並んだ量子ビットにマイクロ波やレーザーを当てることで、状態を変化させる
量子ビット
マイクロ波やレーザー

3-2-4 量子コンピューターの計算のイメージ。ピアノの鍵盤のように並んだ量子ビットにマイクロ波を当てて状態を変化させる

この図の量子ビットというのは量子と同じ意味ですか？

その通りです。そして**量子ビットの数**が、量子コンピューターの性能を大きく左右します。

量子ビットの数を増やせば、性能が上がるということでしょうか？

それが、必ずしもそうとは限らないんですよね。量子コンピューターは、**エラー、つまり計算間違いが起こりやすい**ので、量子ビットの数に加えて計算間違いをどのくらい減らせるかも重要になります。

ともかく量子ビットを増やせば性能が向上するというわけではないんですね。

量子ビット数と性能の関係については、後でもう少し詳しく説明しますね（98ページ参照）

一般のPCみたいになる可能性はある？

将来的には、一般の人がパソコンのような感覚で量子コンピューターを使うようになる可能性もあるんでしょうか？

あるとは思いますが、かなり先の話になるでしょうね。今はまだエラーが多いことや、できることが限られていることなど、クリアしなければならないハードルがたくさんあります。

未来予測の話になってしまいますが、その場合はどんな用途に使うことになるんですか？

理論上は従来型コンピューターと同じ計算ができるとされているので、**基本的には今のパソコンとあまり変わらないかもしれません**ね。いずれにしても、すごく遠い未来のことだと思いますよ。

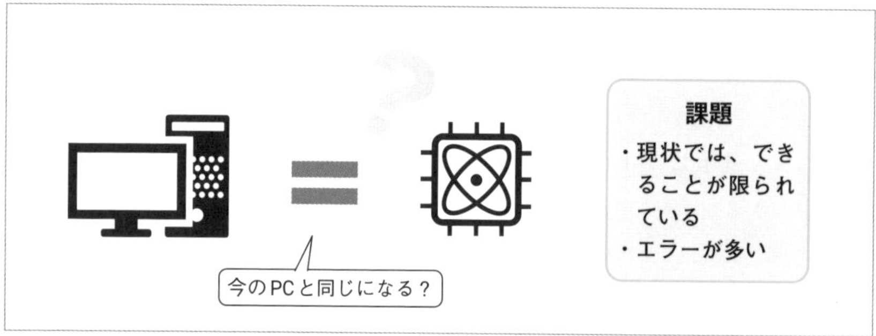

3-2-5 量子コンピューターが現在のPCと同じように使える状態になるには、クリアしなければならない問題がたくさんある

気長に待ちたいと思います。量子コンピューターには入出力装置や記憶装置はなく、計算を行うQPUとよばれる部分だけを持つこと、計算も従来型のコンピューターとは異なり、電気を流すのではなく量子ビットにマイクロ波やレーザーを当てることで行っているということがわかりました。

Chapter3

3 量子コンピューターにはなぜ複数の方式があるの?

量子コンピューターの代表的な方式は5種類ありますが、方式ごとに違いはあるのでしょうか？ 方式ごとの特徴や今後の可能性、サイズや消費電力の問題について知っておきましょう。

どの方式がいちばん期待されているの？

量子コンピューターには5つの方式があるということですが、なぜそんなに種類が存在するんでしょう？ できることに違いがあるんですか？

量子コンピューターを使って実現したいことは、どの方式も同じですが、**量子の種類によって性質が異なるので、性能にも少しずつ違いが出る**んです。どれがいちばん使いやすいのかを今後見極めていくことになると思います。

どれがベストなのかまだわかってないから、いろいろな方式が存在するという感じですか？

そうですね。エラーが少ないものもあれば、量子ビット数を増やしやすい方式もあるなど、方式ごとに一長一短があります。2023年で5方式すべてが出揃う見込みなので、今後は各方式の競争になっていくと思いますよ。

方式	超伝導	イオントラップ	冷却原子	半導体	光
使用する量子	電子（2個）	イオン	原子	電子	光子
主な開発国、地域	世界中	ヨーロッパ、アメリカ	ヨーロッパ、アメリカ	アメリカ	世界中
特徴	早くから開発されていて商用化で先行	精度が高い	量子ビット数が多い	量産化、商用化が期待される	常温で動作が可能

3-3-1 使用する量子が異なるため、量子コンピューターの方式ごとに特徴や性能に違いがある

日本が超伝導方式に注力している理由

国産初号機の量子コンピューターは超伝導方式ですが、今後、日本がほかの方式を出す可能性もありますか？

日本は超伝導方式のほかに、半導体方式や光方式に強いので、これらは今後商用化されていくかもしれません。

強いというのは、研究が進んでいるということでしょうか？

そうですね。商用化できる素地があると思います。

まず超伝導方式を出したのは、この方式に対する期待が大きいということですか？

背景としては、超伝導方式の素子、つまり量子ビットを日本の研究者が作ったことが大きいと思います。ただし、量子コンピューターのエラーを減らす「誤り訂正」の観点からは、まだ有力な方法は確定しておらず、これから開発が進むものとみられます。

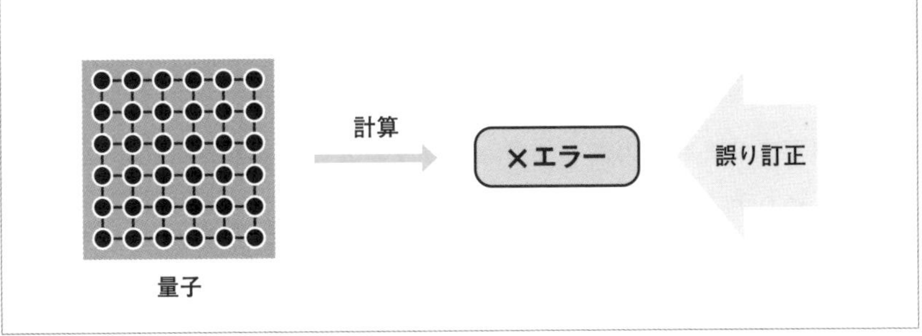

3-3-2 量子コンピューターはエラーが起きやすいため、それを修正する誤り訂正の技術も重要視される（誤り訂正についての詳細は102ページ参照）

逆に、超伝導方式のデメリットはどんなところですか？

サイズが大きいことがデメリットですね。詳しくは後で説明しますが、超伝導方式の場合、小さくするのがどうしても難しいんです。

ということは、超伝導方式がベストではないということでしょうか？

まだどれが有力な方法かは確定していないんです。これから開発が進んでいくと思いますよ。

どの方式がベストなのかはまだ見えていないということですね。この先どうなっていくのか気になりますね。

量子コンピューターはなぜ大きい？

超伝導方式はサイズが大きいのがデメリットとのことですが、量子コンピューターの物理的な大きさは、方式によって違いはあるんですか？

サイズはどの方式も同じくらいですが、いずれもかなり大きいですね。3メートル角の立方体くらいと考えてください。

でも、量子コンピューターには計算を行うQPUしかないということでしたよね？ 一体どの部分に場所をとるんでしょうか？

超伝導方式や半導体方式の場合、**冷却するための設備**が必要です。イオントラップ方式や冷却原子方式、光方式は冷却設備は不要ですが、**レーザーや光の回路を使うための周辺設備**が必要となり、トータルではどうしても大きくなってしまうんです。

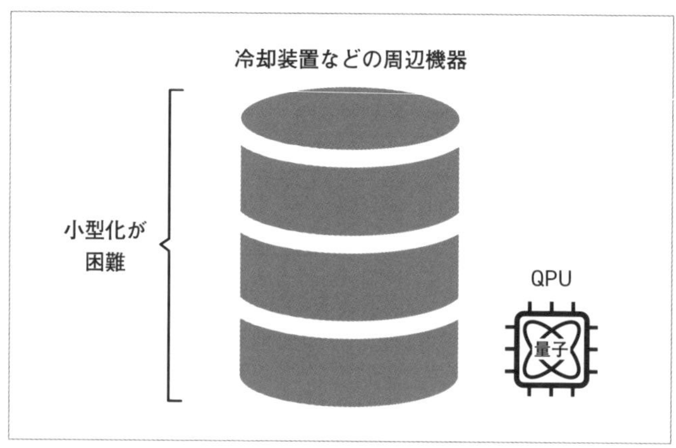

3-3-3 量子コンピューター本体といえる部分は小さくても、冷却装置やレーザー回路などの周辺設備が大きくなる

今後小さくしていける可能性もあるんですか？

冷却装置の小型化も進んでいます。そのほかの周辺設備については、量子コンピューター専用のものを開発することで小型化できるかもしれません。

冷却装置を必要としないイオントラップ方式やシリコン方式、光方式などは今後小型化が進む可能性もあるということですか？

そうですね。可能性としてはあると思います。

量子コンピューターの消費電力は？

サイズが大きいということは、消費電力も大きいんですか？

手元のコンピューターからクラウドサービスにアクセスする利用者側に大きな電力は必要としませんが、**サーバーセンターの側はかなりの電力を消費しているといわれています。**

これも方式によって差があったりするんでしょうか？

どの方式も全体的に消費電力は大きいですね。現時点では、電力を消費してでも開発を進めたいという意識が強いと思います。私としては、今後新しい技術が出てきて電力が抑えられるようになることに期待しています。

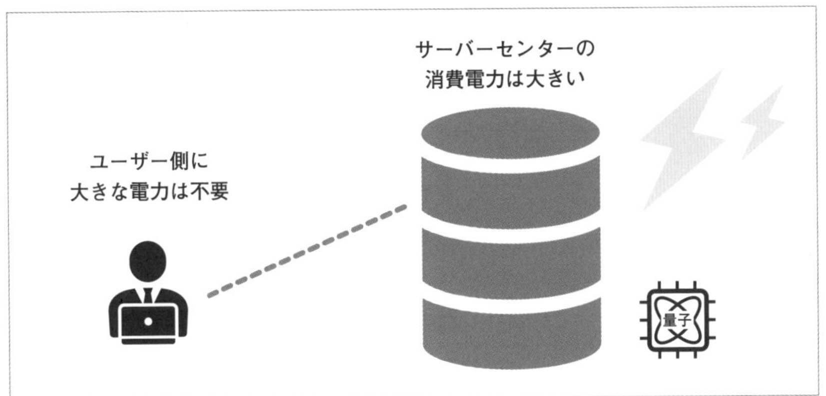

3-3-4 量子コンピューターを設置するサーバーセンターの消費電力は、どの方式も大きい

量子コンピューターの5大方式はそれぞれ特徴や性能が異なり、どの方式がもっとも使いやすいのかはこれから見極めが進むこと、現状では冷却装置などを含めたサイズは大きく、消費電力も大きいことを把握できました。

Chapter3 4

量子コンピューターの心臓部「QPU」とは?

量子コンピューターの心臓部ともいえる「QPU」は、小さなチップながら計算に必要なものが集約された非常に重要な箇所です。その仕組みと方式ごとの構造の違いを図解を使って理解しましょう。

QPUの構造は方式ごとに異なる

量子コンピューターにはQPUしかないとのことでしたが、どんな役割をもっているのか詳しく教えてください。

従来型のコンピューターの演算や制御に関する部分がCPUに集約されているのと同じように、量子コンピューターも小さなチップの中に必要なものを全部入れてしまおうという考え方ですね。

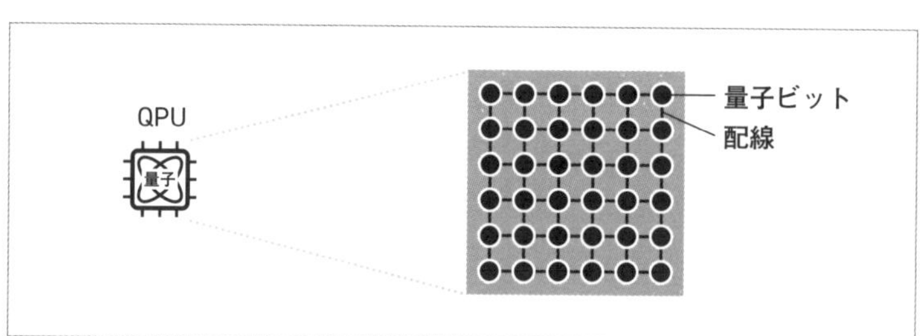

3-4-1 量子コンピューターの計算に必要な量子ビットと配線を小さなチップに集約したものがQPU。方式ごとに構造は異なる

どの方式の量子コンピューターでも、QPUが使われているということですか?

そうですね。それぞれの**方式ごとに専用のQPU**が開発されています。

各方式のQPUについて、具体的に教えてください。

超伝導方式の場合は、平面上に超伝導素子とよばれる人工原子がついたものが使われています。

平面状に組織が組み込まれているのは比較的イメージしやすいです。

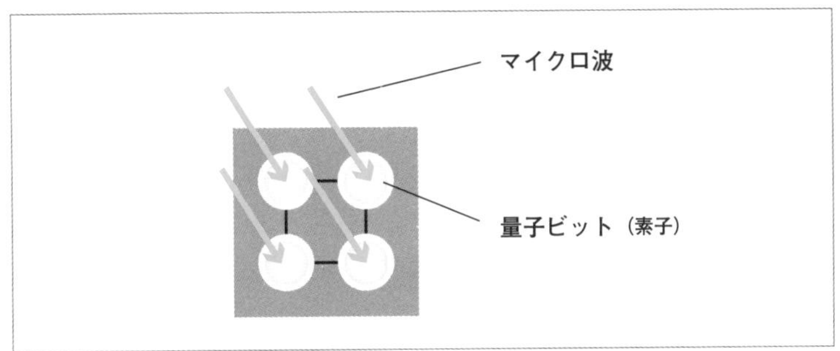

3-4-2 超伝導方式のQPUは、平面状のチップの上に超伝導素子が並び、それぞれの素子にマイクロ波を当てることで操作を行っている

イオントラップは名前の通りトラップされるので、チップの上に空中にイオンが浮いた状態で静止させるような仕組みがあります。

イオントラップの名称は、そのままイオンをトラップ（捕捉）するということだったんですね！

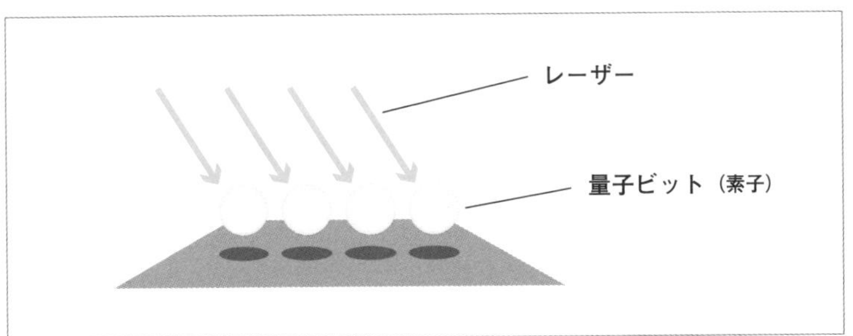

3-4-3 イオントラップ方式のQPUは、チップの上に、やや浮いた状態でイオンが乗っている。そこに横からレーザーを当てることで操作を行う

半導体（シリコン）方式の場合には、従来のシリコンを改造して流れていた電気を止める機能がついたようなイメージですね。

シリコンは、従来型のコンピューターの半導体にも使われる素材ですね。それを量子コンピューター向けにしたものということなんですね。

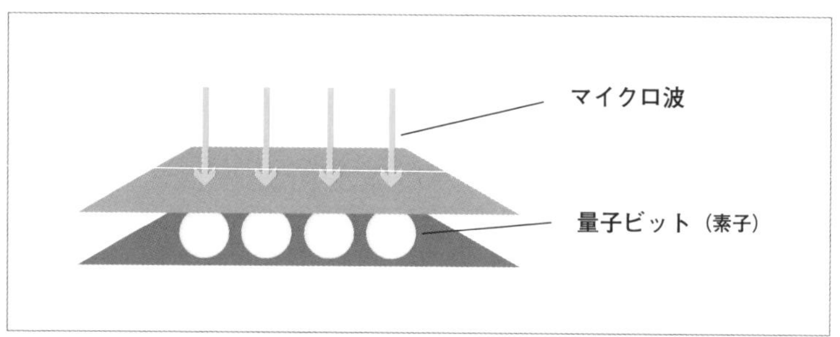

3-4-4 半導体方式のQPUは、電子の上下をチップの層で挟み込み、上からマイクロ波を当てることで操作を行う

また、冷却原子の場合には、レーザーを使って原子を平面上に並べて止めて計算をします。名前に「冷却」がついていますが、冷却されるのは原子だけで機械は常温で操作されます。

冷却原子方式は、マイクロ波ではなくレーザーを使うんですね。

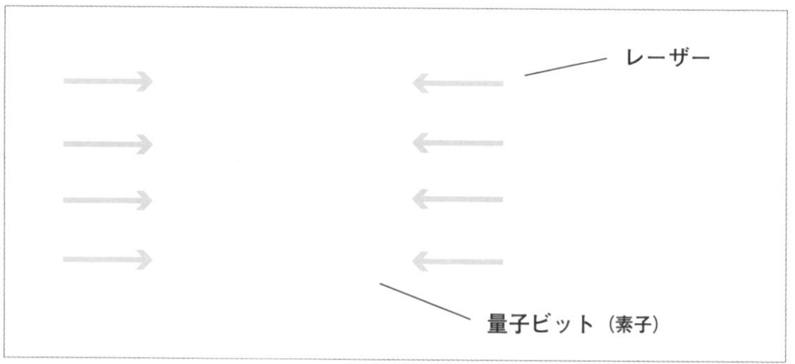

3-4-5 冷却原子方式の場合、量子ビットが空中に浮いた状態になっているところに左右からレーザーを当てることで操作を行う

光方式の場合、光子は空中を飛んでいるので、QPUの中に光が通る道を刻み、そこを通ることで計算を行っています。

QPUにトンネルのようなものがあるんですね。ほかの方式のものとはかなり違う印象です。

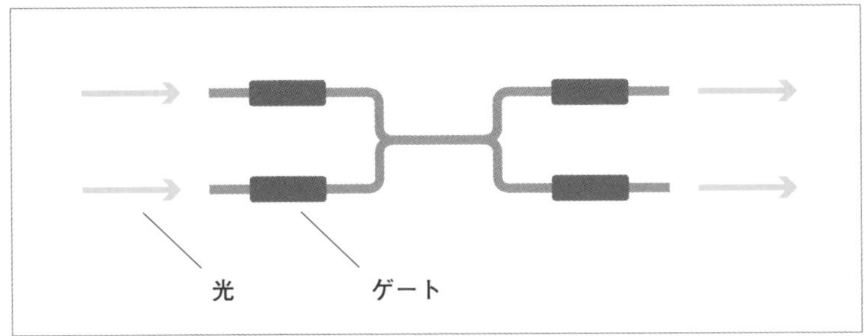

3-4-6 光方式のQPUは、光が入り口から入り、操作用のゲート（トンネルのようなもの）を通過して出口から出る構造となっている

ちなみに、すべての計算を終えた後は、量子ビットの一端にある「読み出し装置」に、別の端から測定用の信号を送ることなどで結果を読み取れる仕組みになっています。

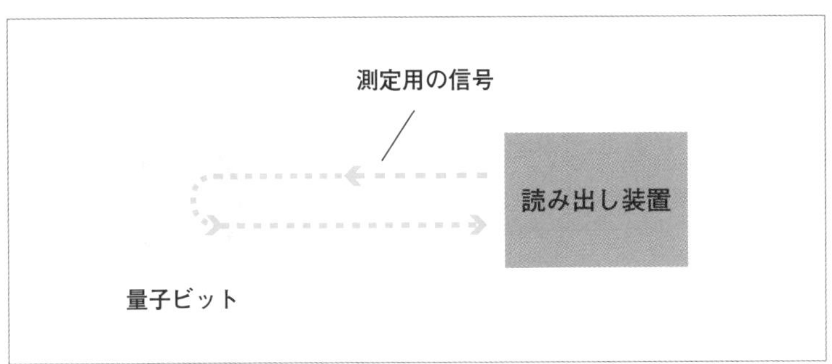

3-4-7 測定用の信号を量子ビットなどに当てることで、計算結果を読み取ることができる

量子コンピューターのQPUは方式ごとに異なることや、それぞれどんな構造になっているのかがイメージできるようになりました。

Chapter3 5

ハードウェアの進歩とソフトウェア開発の状況

量子コンピューターを使うときには、目的の計算を実行するためのソフトウェアが必要になります。ハードウェアとソフトウェアの関係を整理しておきましょう。

量子コンピューターのソフトはどの方式でも使える？

量子コンピューターを使うときも、通常のパソコンなどと同じように、ソフトウェア（ソフト）が必要になるんですか？

はい。**量子コンピューター向けに開発されたソフト**を使います。

量子コンピューターには5種類の方式があるとのことでしたが、どの方式でも同じソフトが使えるのでしょうか？

現在主流の5大方式については、いずれも同じソフトが使える状況になっています。でも実はハードウェアとソフトウェアの問題は、比較的最近まで方向性が定まらずにいたんですよ。

どういうことでしょう？ 今の5大方式以外にも量子コンピューターがあったということですか？

そうなんです。現在の5大方式は、いずれも**「量子ゲート型」**とよばれる量子コンピューターですが、以前は**「量子アニーリング型」**という別の仕組みが採用された量子コンピューターにも可能性があるのではないかといわれていました。

量子アニーリング型は、「組み合わせ問題最適化」など特定の計算に特化した量子コンピューターとして2010年代に注目された。5大方式をはじめとした量子ゲート型とは計算の仕組みが異なる。

量子ゲート型と量子アニーリング型では、使えるソフトが違ったということですか？

その通りです。そして、どちらが普及していくかが見えていなかったことで、ソフト開発を進めづらい状況がありました。

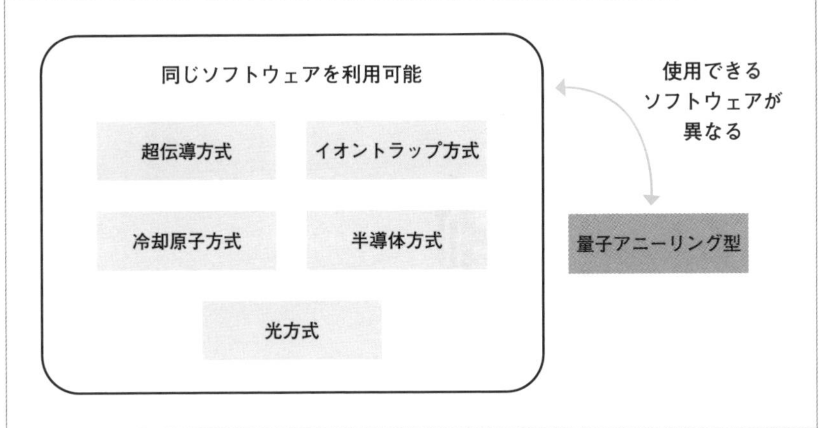

3-5-1 5大方式はいずれも同じソフトを利用可能。2010年代に注目された量子アニーリング型は使えるソフトが異なる

ソフトを作っている企業などからすると、「普及する可能性の高いハード向けのソフトを作りたいから、様子を見よう」という感じでしょうか？

そうですね。たとえるなら、「次世代の自動車として電気自動車と水素自動車のどちらが普及するかが見えないから、充電スポットも水素ステーションも増えない」みたいな状況です。

電気自動車が普及するなら充電スポットの設置が必要になりますし、水素自動車なら水素ステーションを作る必要があります。どちらの自動車が普及するかわからないと、どちらを増やせばいいかわからないということですね。

そうなんです。同じように、量子ゲート型と量子アニーリング型のどちらに可能性があるかわからない段階では、どちらのソフトを開発するべきかが見えていなかったということです。

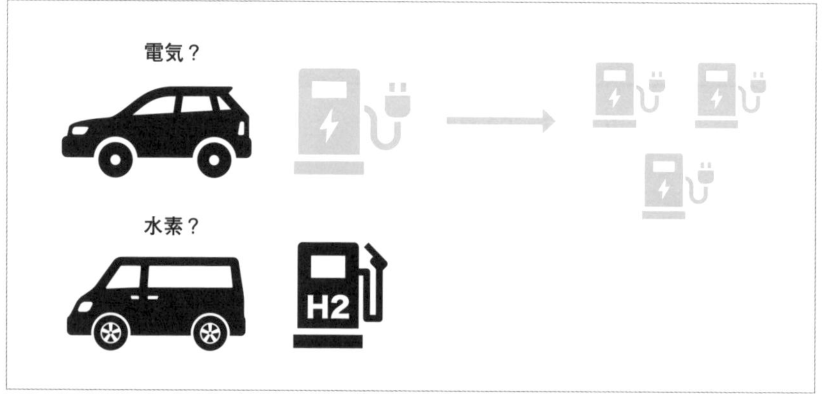

3-5-2 電気自動車が普及するかどうか見えないうちは、充電スポットが増えない。量子コンピューターのソフトも同じ状況だった

なぜ、量子アニーリング型が注目されていたの？

現在は5大方式が主流になっているということは、量子ゲート型が普及していくだろうと定まったのでしょうか？

そうですね。量子アニーリング型に高い期待がかけられていた時期もありましたが、特定の計算にしか使えないなど難点も多く、**現状では量子ゲート型の開発を進めていく方向**になっています。

量子コンピューターの構想自体は1980年代からあったということでしたが、この頃に考えられていたのはどちらですか？

量子ゲート型です。結局、当初から考えられてきた計算方法のほうが使いやすいという方向で落ち着いています。

車のたとえでいえば、「電気自動車と水素自動車のどちらが普及するかわからなかったものが、電気自動車だろうという予測がたつようになったことで充電スポットが増え、結果的に電気自動車に乗りやすくなった」みたいなイメージですか？

そうですね。量子アニーリング型のほうがビット数が多いこともあって、早いタイミングで商用化できるのではないかと考えられていたのですが、想定していた以上に速いペースで量子ゲート型が進化していったんです。

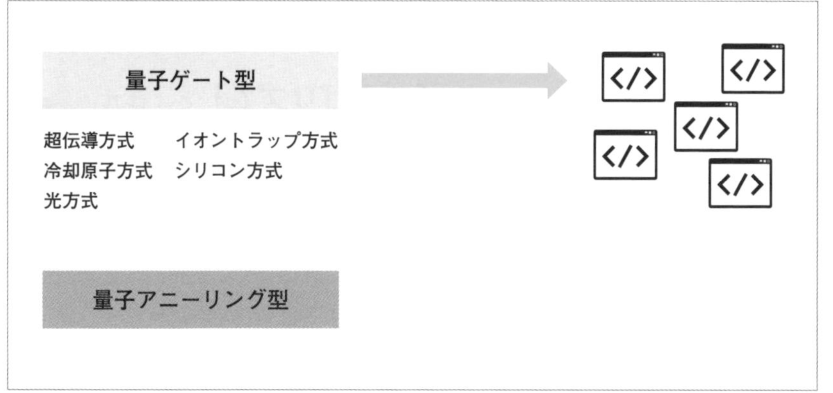

3-5-3 量子アニーリング型より量子ゲート型のほうが実用性が高いことがわかったことで、ソフトの開発も進んできた

現在の量子コンピューター向けソフトウェアは、5大方式のどの方式でも利用が可能。ただし、以前は量子アニーリング型という別の仕組みを使った量子コンピューターにも期待がかけられており、どちらが主流になるかわからないためにソフト開発が進めづらい時代もあったということですね。流れが整理できました。

Chapter3 6

量子計算はどんな手順で行われるの？

量子コンピューターの計算は目に見えないものだけに、どのような流れで行われているのかイメージしづらいものです。楽器の演奏にたとえてわかりやすく教えてもらいました。

量子コンピューターの計算は「演奏」のようなもの

量子コンピューターはピアノの鍵盤のように計算を行っているとのことでしたが（62ページ参照）、もう少し詳しく教えてください。

まず、音楽でいえば曲にあたる、**「アルゴリズム」**とよばれるものがあります。その曲を奏でるためには楽譜が必要で、それが**量子回路**にあたります。そして、楽器の鍵盤にあたるものが**量子ビット**です。

アルゴリズムとはソフトウェアとは別のものですか？

現状ではほぼ同じと考えることができます。

曲にあたるアルゴリズムを実行するために、楽譜にあたる量子回路が必要ということですが、これは電気の回路みたいなものが存在するのですか？

電気が流れる回路が基板上にあるわけではなく、**「この順番にこの操作をしてください」という手順書のようなもの**です。

楽譜もどの音を出すかの手順を記載したものですね。なるほど。だから楽譜なんですか!

そうなんです。そして鍵盤の数が量子ビットを意味します。つまり、3量子ビットの量子コンピューターなら、鍵盤が3つある楽器というイメージです。

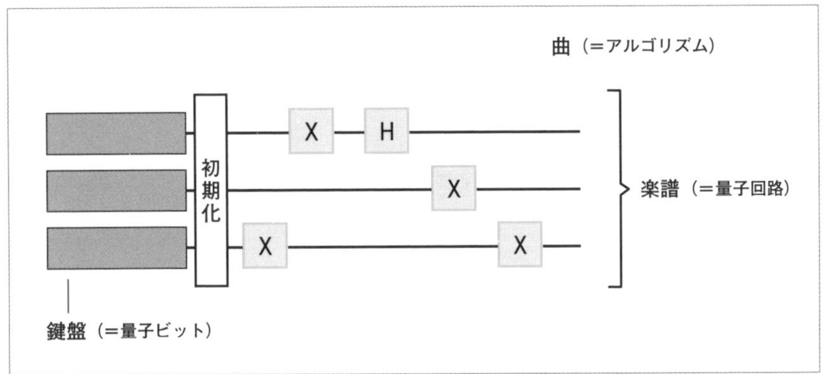

3-6-1 量子計算を楽器演奏にたとえると、アルゴリズムが曲、量子回路が楽譜、量子ビット数が鍵盤の数となる

コインの表裏をひっくり返すような操作

楽器の場合、鍵盤を弾くと音が鳴りますが、量子コンピューターでは何が起きるんですか？

イメージとしては鍵盤の動きと連動したコインがあり、鍵盤を弾くたびに表裏がひっくり返ったり、表でも裏でもない**「コインを立てて回した状態」**になったりします。

このコインというのは、実際には何を意味するものですか？

0と1、あるいはそれを重ね合わせた状態です。**コインを表にした状態が0、裏にした状態が1、立てた状態が重ね合わせ**にあたります。

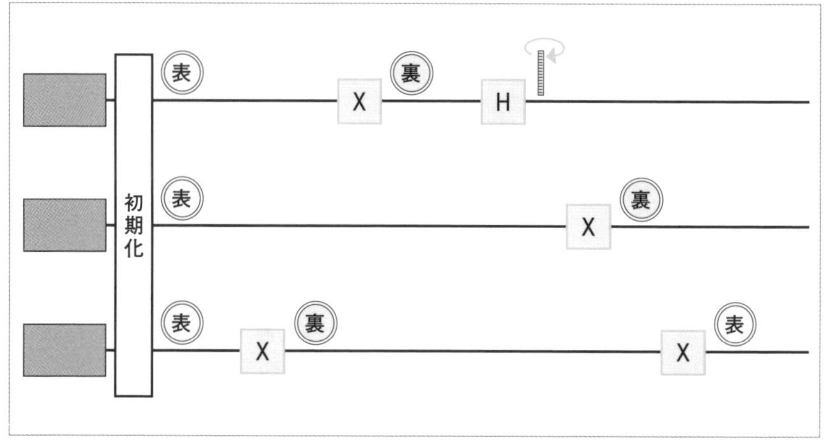

3-6-2 量子計算は、鍵盤を弾くとコインの表裏がひっくり返る楽器を楽譜にそって演奏するようなイメージ。「X」がコインをひっくり返すこと、「H」がコインを回すことを意味する

上の図では、楽譜の線が3本ありますが、これは3個のコインを操作できるということでしょうか？

そうです。それぞれのコインをひっくり返すかどうかが書かれています。図の**「X」がコインをひっくり返すこと、「H」がコインを立ててコインを回転させること**を示しています。

最初の **「初期化」** というのは何ですか？

量子コンピューターの計算には、すべての量子を0にしてから計算を開始するルールがあるんです。その**最初の量子を0にする操作を初期化**といいます。

楽譜のたとえなら、すべてのコインを表にしてから演奏を開始するということですか？

その通りです。コインがすべて表の状態からスタートして、手順に従ってひっくり返したり回転させたりします。

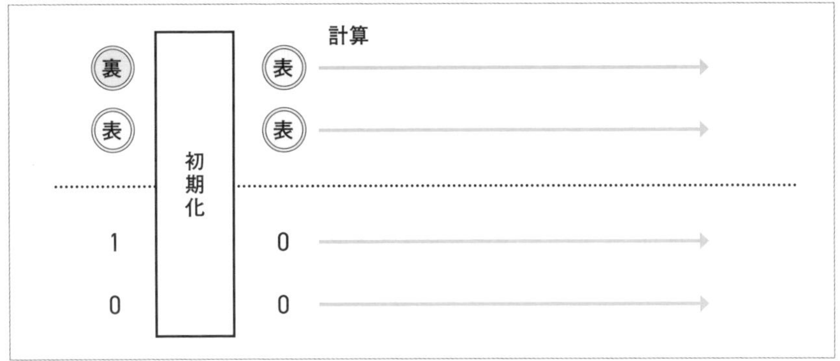

3-6-3 量子計算では最初にすべてを0にする初期化を行う。コインをすべて表にしてから演奏を開始するようなもの

コインの表裏はどうやって確定するの？

コインをひっくり返す操作にあたるものが、実際には量子ビットの0と1の切り替えということですよね？ どうやって量子ビットを動かしているんですか？

量子ビットにマイクロ波やレーザーを当てると、0と1を切り替える操作が始まります。

マイクロ波やレーザーを当てる＝演奏開始ですね。表でも裏でもない状態になったコインがあるはずですが、演奏終了時には、このコインはどうなるのでしょう？

表でも裏でもない状態は、コインをクルクルと回転させている状態です。回転するコインがいずれは表裏どちらかに倒れるように、演奏が終わるとコインが倒れて表裏どちらかに決まります。

つまり、回っているコインの表裏が最終的にどちらになるかは、演奏者が決めているわけではないのですか？

その通りです。**結果は神のみぞ知る**です。

実際の量子ビットの操作の場合にはどうなりますか？

「測定」という計算結果を確定させる操作をすると、0と1が重なり合っていた状態から、0または1のどちらかに確定します。この場合も、どちらに確定するかを人間が選ぶことはできません。

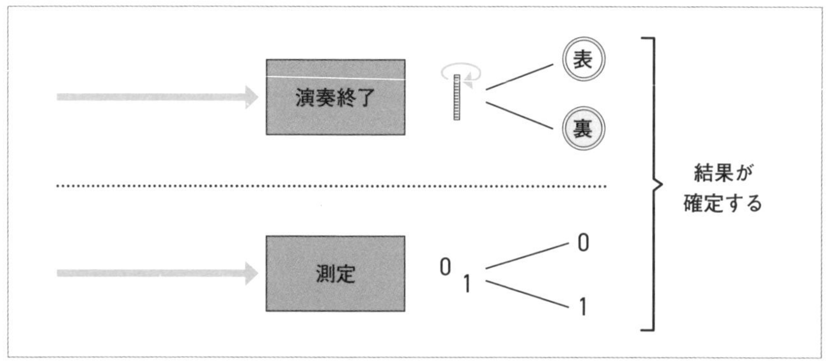

3-6-4 測定すると、重ね合わせが0と1のいずれかに確定する。回転していたコインが倒れるようなもの

コインの表と裏、どちらに決まるかわからないということは、楽譜の通りに弾いても演奏をするたびに音色が違うのですか？

そうなんです。量子コンピューターの計算では、**計算するたびに答えが変わる**ので、何度も計算してたくさんの答えを出し、それを取りまとめています。

なんだか不思議な感じですね。答えが毎回違うのに、本当に計算できているんですか？

この部分については、次節でもう少し詳しく解説しますね（86ページ参照）。

もつれを使った複雑な操作も行える

量子の性質として、**「もつれ」**があるということでしたが、これは楽譜上ではどんな動きになるんですか？

複数のコインがつながっていて、**「1枚目のコインが表なら、2枚目のコインをひっくり返す」**といったルールを設定するイメージになります。

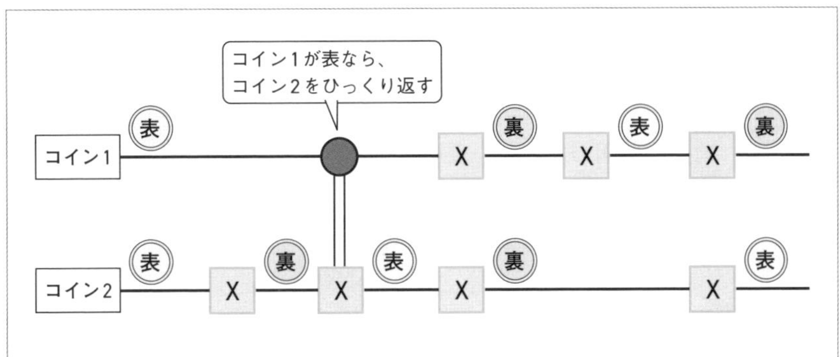

3-6-5 もつれを使うことで、複数の量子を事前に設定したルールに基づいて同時に動かすことが可能になる

3枚のコインすべてを操作しなくてもいいので演奏が楽になりそうですね。

そうなんです。量子コンピューターはこの性質を利用して計算を効率化しています。こちらも後ほど詳しく仕組みを見ていきましょう（90ページ参照）

量子コンピューターの計算は楽器の演奏のようなもの。イメージしやすいたとえで置き換えることで、だいぶイメージできるようになってきました。

Chapter3
7

答えが毎回同じではないってどういうこと?

前節で、「量子計算の答えは毎回同じになるとは限らない」という話題がありました。なぜ、それで計算を行うことができるのでしょうか？その仕組みを湊さんに解説してもらいました。

答えが正しいとは限らない計算 !?

前節の説明のなかで、重ね合わせの結果は結果が出てみるまでわからず、毎回同じになるとは限らないとありましたが、それで計算として成立するのですか？

多くの場合、手順が正しければ結果も正しくなるはずです。たとえばカレーを作っていて、辛口にしたければ唐辛子を入れますよね。本当に辛口になっているかどうかは食べてみないとわかりませんが、「唐辛子を入れたから辛口にだろう」と判断できます。

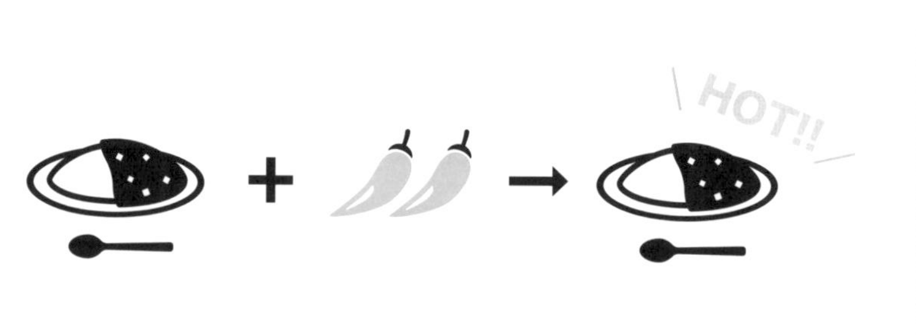

3-7-1 「カレーを辛口にするために唐辛子を入れる」という正しい手順をふめば、そのカレーは辛口だと考えることができる

カレーのレシピならわかる気もしますが、コンピューターの計算で答えが確定しないというのは、どうしても不可解に感じます。たとえば私たちが普段生活する世界では、数字の3と2を足したら必ず5になりますよね？

そうですね。ところが、量子の世界では毎回5になるとは限らないんです。同じ計算をしても答えが同じとは限らず、0が出ることもあれば1と出ることもあります。**カレーに唐辛子を入れても辛口だったり中辛だったり甘口だったりする**のです。

量子計算の「正解」は1つではない

それで不都合は生じないんでしょうか？

たとえば、あるサッカーチームの監督が、ドリブルとシュートの両方が上手な選手を探していたとします。でも、ドリブルが上手な選手もシュートの上手な選手も世界中にたくさんいるので、誰がいちばんなのかを確定するのは難しいと思います。

そうですね。新しい若手選手もどんどん出てきそうですし。

そうなると、その時点で見つけることができた選手のなかで一番上手な人を選ぶしかありません。

BEST!
まだ見つかっていない人に
より上手な選手がいる可能性はある

3-7-2 「世界で一番上手な選手」を確定するのは困難だが、「現時点で見つけたなかで一番の選手」なら選ぶことが可能

「世界のどこかにもっとうまい選手がいるかもしれない」などと考えていたらキリがないですもんね。

その通りです。**もっと上手い人がどこかにいる可能性もあるけれど、見つかっていないからわからない**んです。もし、どうしてもそれを知りたければ、もっとたくさん探すしかありません。

つまり、答えは1つではないということですか？

答えはいくらでもあります。ただし、**その答えがベストかどうかはまた別問題**ということになります。

「3と2を足すと5になる」のように答えが決まっている世界ではないんですね。

そうですね。むしろ、**答えが1つに決まる計算は従来型のコンピューターが得意とする領域**なので、量子コンピューターを使う必要はないかもしれません。

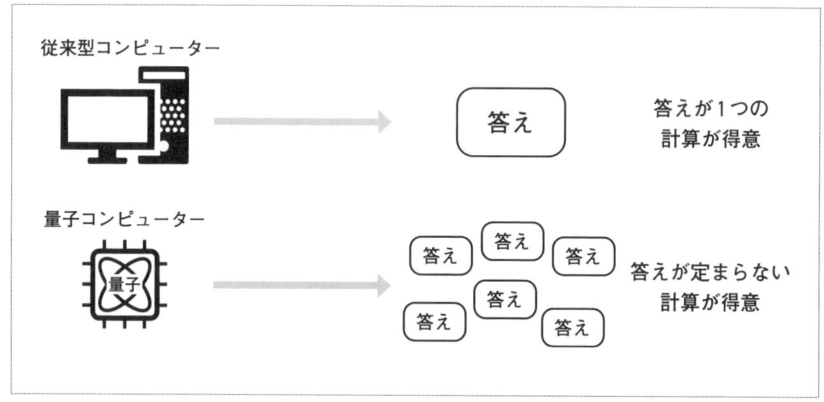

3-7-3 従来型コンピューターは答えが1つしかない計算が得意。量子コンピューターは答えが定まらない計算に強みを発揮

暗号計算などは「正しいかどうか」の確認も可能

答えが正しいかどうかを確かめられないんですか？

答えのなかには、正しいかどうかがすぐにわかるものもあります。たとえば暗号を解く計算なら、暗号が解けたらそれは正しいということになります。ただしそれ以外については、現状では確認できない計算も多いですね。

ちなみに、量子コンピューターにはエラーが多いという話がありましたが、これはエラーの話とも関係しているんですか？

エラーとは関係なく、正しいかどうかは確認できないんです。この先、今よりエラーを減らせるようになったとしても、間違った答えが出ることはあります。

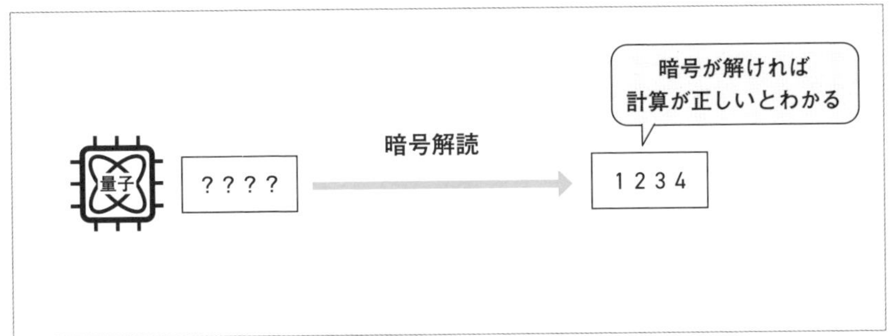

3-7-4 答えが1に定まらない量子コンピューターを使った計算でも、暗号解読などの分野なら、答えが正しいかどうかを確認できる

量子計算の答えは1つではなく、それが正しいとは限らないけれど、**「手順が正しければ答えも正しいだろう」**という考え方で行われているということですね。改めて不思議な世界だなと感じました。

Chapter3 **8**

量子コンピューターが効率的に計算できる仕組み

量子コンピューターはなぜ、従来型のコンピューターより効率的に計算ができるのでしょうか？ 量子の性質「重ね合わせ」「量子もつれ」との関係を理解しておきましょう。

量子コンピューターの計算が「速い」といわれる理由

量子コンピューターは「高速で計算できる」というイメージがありますが、実際どうなのでしょうか？

高速というよりは、**「裏ワザを駆使して効率的に計算している」**といったほうが正確かもしれません。

計算のスピード自体が速いわけではないということですか？

そうですね。歩くスピードが速いから目的地に早くたどり着けるのではなく、近道を知っているから通常ルートより短時間で到着できるというイメージです。

具体的にはどんな裏ワザを使っているんでしょう？

「重ね合わせ」と**「量子もつれ」**を使います。

「重ね合わせ」は0と1の両方の性質を持つことができる性質、「量子もつれ」は0と1のどちらの状態にするかを複数の量子で連動させることができる性質でしたね。

そうですね。効率的に解くことができるのは、これらの性質を活用できる計算に限られてしまいます。

仕組みの詳細については、重ね合わせは42ページ、量子もつれの仕組みは48ページ参照。

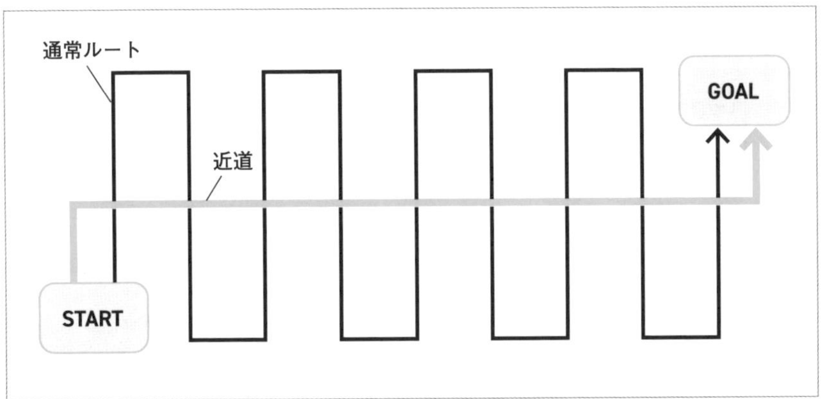

3-8-1 量子コンピューターが効率的に計算できるのは、近道を通って短時間で目的地まで到着するイメージに近い

量子の性質で計算を効率化できる

前節の楽譜のたとえでいうと、具体的にどんな流れで効率的な計算が行われているんですか？

複数のコインを連動させて、まとめて操作しています。

前節では、1枚ずつコインをひっくり返したり回転させたりしていましたね。

そうですね。でも、すべてのコインをバラバラに操作した場合、結果の組み合わせは膨大になります。

しかも、回転しているコインがどちらに倒れるかは、倒れるまでわからないんですよね。

そうなんです。そこで、「あるコインが表になったら、このコインは裏になる」という条件付けをすることで組み合わせを減らし、効率的に計算できるようにします。

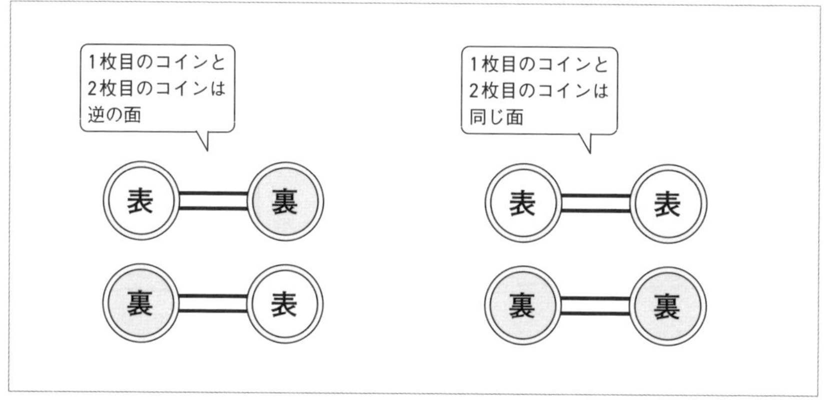

3-8-2 複数のコインを連動させることで、1枚のコインを操作すれば、ほかのコインもそのルールに従って操作できる

最初の1つを操作すれば、すべて操作できる

計算を効率化できるという部分について、もう少し具体的にイメージできるようになりたいのですが……。

たとえば、甘口のカレーと辛口のカレーを50皿ずつ作る場合、1皿ずつ個別に甘口にしたり辛口にしたりしていたら時間がかかりますよね。

1皿ずつ盛り付けをしながら、辛口にしたい皿にだけ唐辛子を加えるとしたら、かなりの手間ですね。

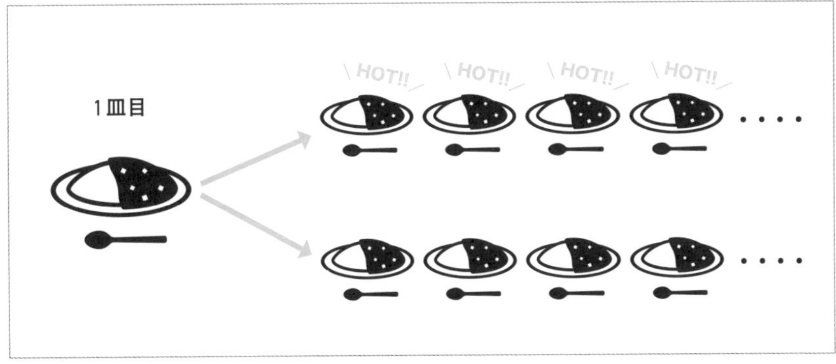

3-8-3 「甘口と辛口を半々に作る」設定をすると、最初の1皿を作るだけですべてのカレーが完成する

そのときに、**「最初の1皿を辛口にすれば、自動的に50%は辛口、残り50%は甘口になる」**というルールを設定します。

そのルールがあれば、最初の1皿を作っただけで100皿すべてが完成しますね。

結果的に100皿のカレーが短時間で完成するけれど、手を動かすスピードを速めたわけではなく、効率的に作る方法を使ったということなんです。

この条件は、計算を行う人間が設定できるんですか？

そうです。「最初の1皿が辛口なら、辛口と甘口を半々に作る」「最初の1皿を甘口にしたら、すべて甘口にする」など、設定した条件のオーダーが一瞬で完了するという感じですね。

量子コンピューターは、重ね合わせと量子もつれの性質を使うことで計算を効率化して、結果的に従来のコンピューターより速く計算を行えるということですね。仕組みが具体的にイメージできるようになりました。

Chapter3 9

量子コンピューターのアルゴリズム

量子コンピューターで計算を行うときには、「アルゴリズム」とよばれる計算のレシピのようなものを使います。その仕組みや種類、現時点でできることなどを湊さんに教えてもらいました。

FTQC アルゴリズムと NISQ アルゴリズム

先ほどからアルゴリズムという言葉が出てきますが、これはどういうものなのでしょうか？

先ほども伝えたように、現状では「ソフトウェア」とほとんど一緒ですね。簡単にいうと、**「重ね合わせともつれをどういう順番で組み合わせるか」が記載されたレシピ**のようなものです。

どんな計算をするかによって、アルゴリズムが異なるということですか？

その通りです。「この計算の場合にはこの順番で計算することで、重ね合わせともつれをうまく使うことができる」という部分がある程度決まっています。

アルゴリズムにもいろいろあるのですか？

そうです。まず、アルゴリズムは理論上の理想である**「FTQC（Fault Tolerant Quantum Computer）アルゴリズム」**と、従来型コンピューターとの併用を前提とした**「NISQ（Noisy Intermediate-Scale Quantum）アルゴリズム」**に大別できます。

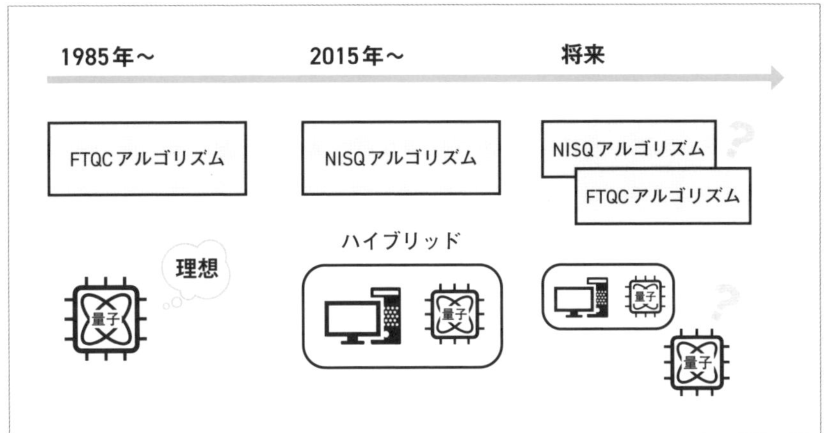

3-9-1 最初に理想であるFTQCアルゴリズムが考案され、その後、エラーを減らすためにNISQが使われるようになった

図3-9-1を見るとFTQCのほうがNISQより年表の古い年代の位置に記載されていますが、古いバージョンということですか？

それが違うんです。FTQCは量子コンピューターの概念が生まれた当初に考えられていた量子コンピューターの仕組みです。ハードウェアがまだ存在しない状態で考え出された、「理想の量子コンピューター」のようなものといえます。

なるほど。「実際にできるかどうかわからないけれど、理論上はこういうことができそうだ」という理想型を構想するところからスタートしているんですね。

一方で、量子コンピューターの実機が登場した2015年頃から使われるようになった「NISQアルゴリズム」は、従来型のコンピューターとのハイブリッドで利用することを前提としたアルゴリズムです。

もしかして、理想として考えられていたFTQCアルゴリズムが実際にはうまく動かなかったということですか？

そうなんです。実際に量子コンピューターのハードウェアが作られるようになり、いざ計算してみたらエラーが多くて理想通りにはいかなかったんです。そこで、従来型のコンピューターを併用することでエラーを減らすNISQアルゴリズムが生まれました。

理想と現実にギャップがあったので、その間を埋めるためにNISQが使われているという感じなんですね。

FTQCでしかできない計算もある

FTQCとNISQでは、できる計算に違いがあるのでしょうか？

化学計算と**暗号解読**は、現在使われているNISQでは計算しづらいことがわかっているので、**FTQCへの期待がとくに大きい**分野です。次に期待が高いのは、検索と金融ですね。これらはFTQCを使うことで計算効率が上がるのではないかとみられています。

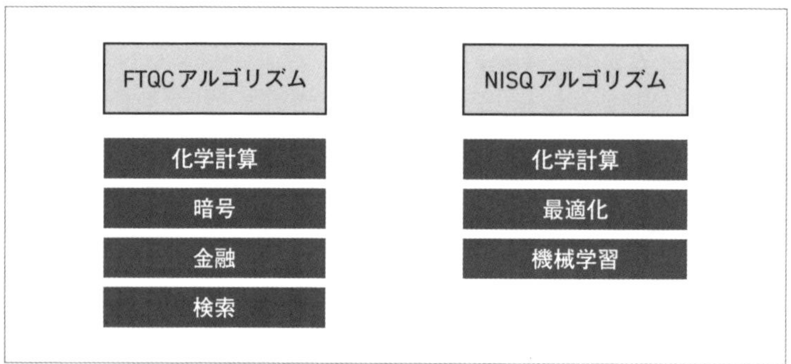

3-9-2 FTQCアルゴリズムとNISQアルゴリズムでは、期待されているアプリケーションがそれぞれ異なる

この先さらに進化すれば、当初の理想に近いアルゴリズムが使えるようになる可能性もありますか？

業界としては、再び理想的なアルゴリズムを作ることをめざして動いています。ただし、FTQCが使えるようになるのは20年後くらいではといわれており、すぐに実現できるといった類いの話ではないかもしれません。

ところで、量子コンピューターを使うときは、必ずアルゴリズムを使うということですよね？ ということは、アルゴリズムについての知識や技術がないと、量子コンピューターは扱えないということですか？

アルゴリズムの仕組み自体を詳しく理解していなくても使えるようにしたサービスも提供されていますよ。最初にいろいろな設定を行う必要はありますが、あとは問題を与えれば計算を行えるようになっています。

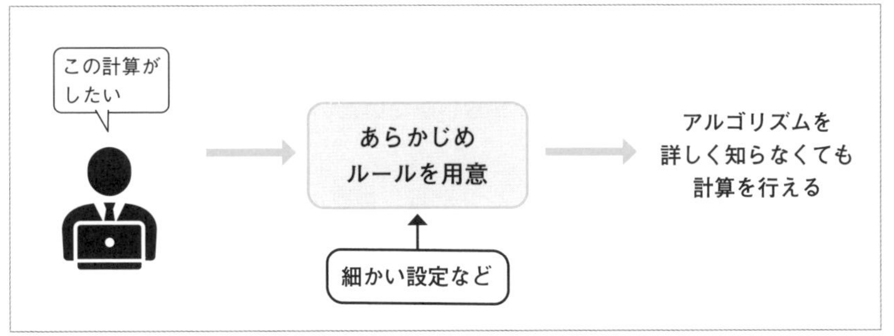

3-9-3 アルゴリズムの仕組みを詳しく理解していなくても、計算に必要な設定を行うだけで利用できるサービスもある

そういったサービスがあるのは心強いですね。量子コンピューターで計算を行う際のアルゴリズムには、**理想型として考えられた「FTQC」**と、**従来型のコンピューターと量子コンピューターのハイブリッドで使うことを前提とした「NISQ」**の2種類があり、現状で行えるのはNISQに限られるということを理解しました。量子コンピューターはまだまだ進化の途中にあるんですね。

Chapter3 10

一筋縄ではいかない量子ビット数と性能の関係

量子コンピューターの性能には、量子ビット数が関係しますが、単純に量子ビット数さえ増やせば性能が向上するわけではありません。量子ビット数と性能の関係を整理しておきましょう。

量子ビットの数はどのくらい増えた？

量子コンピューターの性能には量子ビットの数が関係しているということでしたが、量子コンピューターが登場してから現在までに、量子ビット数はどのくらい増えているのでしょうか？

2014年にGoogleが最初に発表した量子コンピューターは5量子ビットでした。つまり、0と1が5個しかないということですね。

ずいぶん少なかったんですね。最新のものではどのくらいですか？

IBMが2022年にリリースした超伝導方式の量子コンピューター「Osprey」は**433量子ビット**を備えています。さらに、2023年中には**1121量子ビット**の量子コンピューターをリリース予定だとしています。

かなり増えていますね。ちなみに、「量子ビットの数が1増えると、量子コンピューターの性能がこのくらい上がる」のような基準はあるんでしょうか？

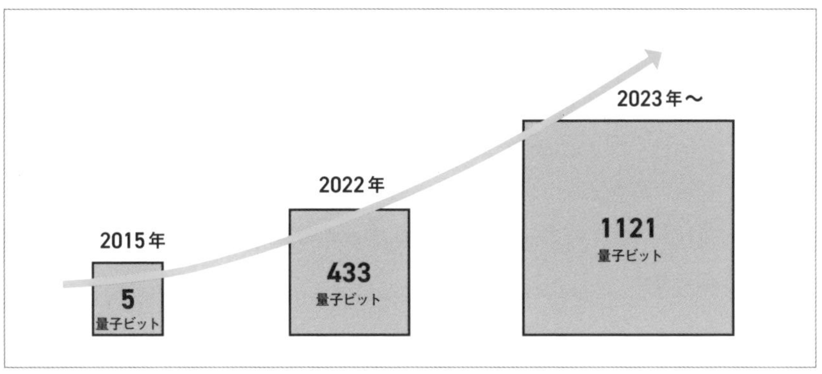

3-10-1 量子コンピューターの量子ビット数は年々増えている。ただし、ビット数さえ増えれば性能が向上するわけではない

量子コンピューターの性能の測り方は複数ありますが、まだ確定していないので、単純に言い切るのは難しいですね。

なるほど。簡単に測れるものではないんですね。そうはいっても、量子ビットは少ないより多いほうがいいということですよね？

基本的にはそうですが、最近は20量子ビットでIBMの433量子ビットの量子コンピューターより特定の指標が高い量子コンピューターも登場しています。

少ない量子ビットで性能が高いものは何が違うんですか？

量子コンピューターはエラーが多いので、そのエラーをどのくらい減らせるかが性能に大きく影響します。量子ビット数が大きくても、エラーが多いと性能は上がりにくくなってしまいます。

ということは、量子ビット数が多く、かつエラーも少ないものが理想ということですね。

その通りです。量子コンピューターの性能は、量子ビット数とエラーの両建てで考える必要があります。

量子コンピューターの「エラー」とは？

先ほどから何度もエラーの話が出てきますが、エラーが多いというのは、どんな状況なんですか？

0と1の計算、つまり**コインの表裏をひっくり返す動きを間違えてしまう**んです。

コインの表裏をひっくり返す手順はアルゴリズムに書かれているのでしたよね？ その通りにひっくり返すことができないということですか？

その通りです。表と裏が勝手にひっくり返ってしまったり、コインを回転させた状態を維持できずに途中で倒れてしまったりといったエラーが発生します。

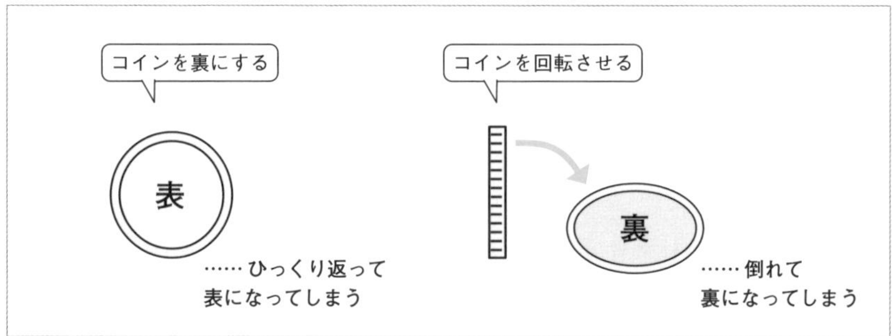

3-10-2 計算の過程で、アルゴリズムで指定されたものとは異なる動きをしてしまう「エラー」が起こることがある

本来は、コインの回転が止まって表裏が決まるのは計算を終了するときでしたね。

そうですね。計算途中の段階で表裏を決定してほしくないのですが、コインが回っている状態を維持するのは実は難しいんです

現実世界でも、コインを回転させたらだんだん勢いが落ちていずれは倒れますね。回っている状態を何分も維持させるのは至難の技だと思います。

同じように、表と裏、つまり0と1のどちらでもない状態でいられる時間には限りがあります。たとえば、**暗号を解読する場合にはコインが回っている状態を8時間くらい維持しなくてはならない**のですが、それを実現する技術的なハードルは高いのが現実です。

本当はコインを表にしておきたいのに裏になってしまったり、まだコインを回しておきたいのに倒れて表裏のどちらかに決まってしまったりする状況が**「エラー」**ということですね。

その通りです。エラーを減らすための工夫は各社が進めていて、これを**「誤り訂正」**と呼びます。

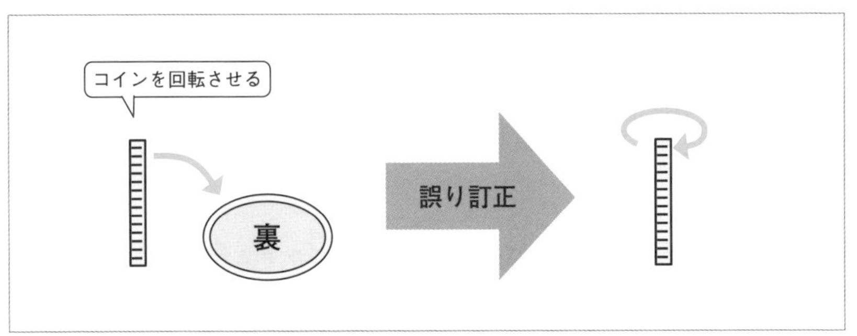

3-10-3 量子コンピューターの計算過程で起こるエラーを減らすためには、「誤り訂正」の技術が必要となる

量子コンピューターの計算ではエラーが起きるため、単に量子ビット数を増やすだけでは性能を上げることができず、エラーを減らすための誤り訂正が必要になるということですね。次節で誤り訂正についてもう少し詳しく教えてください。

Chapter3 11

エラーを減らす「誤り訂正」とは?

量子コンピューターの計算で起こるエラーを減らす「誤り訂正」は、量子コンピューターの性能を向上させるうえで重要な技術です。その仕組みや現状について湊さんに教えてもらいました。

「論理量子ビット」でエラーを減らす

量子コンピューターのエラーを減らすには誤り訂正が必要とのことですが、現在どの程度まで技術が進んでいるのでしょうか?

イオントラップ方式の量子コンピューターでは、2021年に13量子ビットでの誤り訂正を実現しています。

すでに実現しているんですね! どうやって誤り訂正を行っているんですか?

たくさんの量子ビットを集めて、1個の量子ビットを作る技術を使っています。

量子ビット1個が「1量子ビット」ではないということですか?

量子ビット1個を1量子ビットとするものを**「物理量子ビット」**、複数の量子ビットを集めて1量子ビットとして扱うものを**「論理量子ビット」**とよびます。

なるほど。論理量子ビットを使うことで、誤り訂正ができるようになるということでしょうか?

エラーを減らす技術の1つとして期待されています。物理量子ビットのエラーを工学的な技術で減らしていくことと、論理量子ビットを使って計算上のエラーを減らす方法の両方のアプローチで誤り訂正の実現が進められているのが今の状況ですね。

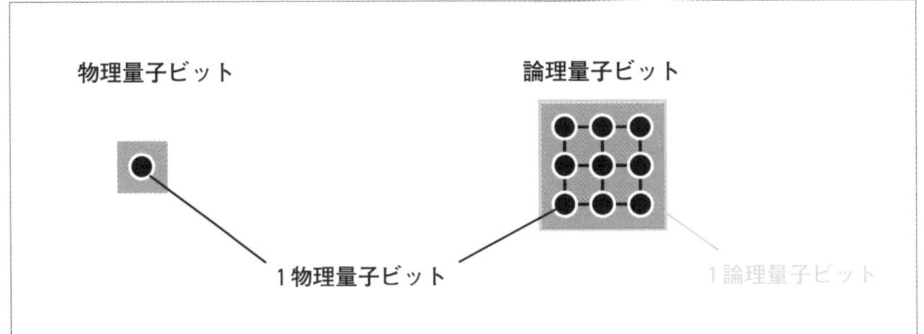

3-11-1 物理量子ビットを複数集めて1量子ビットとして扱う「論理量子ビット」が、エラー訂正に役立つ

ちなみに、どうして複数の量子ビットを集めるとエラーを減らせるんですか？

物理量子ビットは自然界に物理的に存在するものなので、どうしてもエラーが生じてしまいます。そこで、複数の量子を束ねてお互いに監視をするような状態を作ることでエラーを直しています。

日本初号機の量子コンピューターも、誤り訂正の技術が進むと性能が上がっていくのでしょうか？

日本の超伝導方式量子コンピューターの場合、物理量子ビットで誤り訂正を行うことを前提に、量子ビット数を数万量子ビットまで増やすことをめざしています。そのため、誤り訂正の実現まで時間がかかるといわれているのが実情です。

イオントラップ方式ではすでに誤り訂正が実現できているのに、超伝導方式で実現に時間がかかるのはなぜですか？

誤り訂正は1量子ビットのエラー率のほかに、量子ビット同士のつながりの数なども関係しています。それらをかんがみると、現状ではイオントラップ方式のほうが誤り訂正を行いやすいんです。

ということは、今後の可能性としてはイオントラップ方式に優位性があるということですか？

それはわかりません。イオントラップ方式は誤り訂正の量子ビット数を増やしづらいという弱点があるので、今後ほかの方式が優位になる可能性も十分に考えられます。

本当にそれぞれの方式で一長一短なんですね。

そうですね。どの方式が伸びていきそうなのかは、研究者の間でも本当にまだわかっていないんです。だからこそ、いろいろな方式が模索されています。

誤り訂正はなぜ必要なの？

従来型のコンピューターとのハイブリッド方式なら、エラーを減らして計算を行えるとのことでしたが（94ページ参照）、それでも誤り訂正の技術は必要なんですか？

従来型のコンピューターとのハイブリッド方式で計算をするNISQアルゴリズムではできない計算もたくさんあるんです。

ちなみに、ハイブリッド方式の場合はどうやってエラーを減らしているんですか？

理論上の理想として考案されたFTQCアルゴリズムの場合、計算が長いためにエラーが発生しやすいんです。そこでNISQアルゴリズムでは、**短い計算をいくつも足し合わせて大きな計算を行う方法**をとっています。

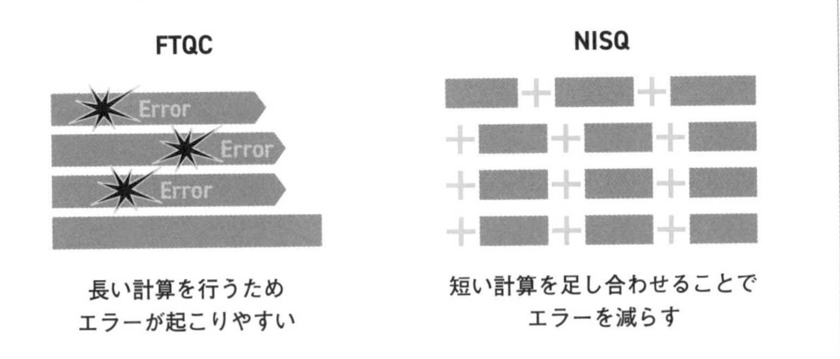
FTQC
Error
Error
Error
長い計算を行うため
エラーが起こりやすい
NISQ
短い計算を足し合わせることで
エラーを減らす

3-11-2 従来型コンピューターとのハイブリッドでエラーを減らすNISQは、短い計算を足し合わせて長い計算を行う。ただし性能面ではFTQCで理想とされているものには届かない

でも、それだと性能面では当初の理想型には届かないということでしたよね。

そうなんです。短い計算を足し合わせる方法では精度があまり上がらないため、長い計算を行えるようにしていく必要があり、そのために誤り訂正の技術が求められます。

量子コンピューターのエラーを減らす誤り訂正には、複数の量子ビットを束ねて1量子ビットとして扱う方法などがあり、計算の精度を上げていくためには不可欠な技術ということですね。この章を通して、量子コンピューターの技術的な仕組みが見えてきました。

column

量子情報科学と量子コンピューター

ここまで、量子の不思議な世界や、量子の持つ性質について解説してきました。量子を扱う研究分野を広く量子力学と呼び、そのなかの分類として量子電磁力学、量子重力理論、量子色力学、量子情報科学などが存在します。

量子コンピューターは、これらの分野のうち量子情報科学の1つのカテゴリとして位置づけられます。量子情報科学は、名前の通り量子分野の情報理論に関する研究で、粒と波の両方の状態になれる量子の性質を情報科学に応用して計算に利用しようというものです。

量子情報科学にはこのほかに、量子暗号通信や量子テレポーテーションといった分野もあるため、「量子コンピューター＝量子情報科学」というわけではなく、あくまでもその一端を担うものと理解しておくのがよいでしょう。量子コンピューターを使って行えるのは、量子情報科学の計算のうちごく一部に過ぎないのです。

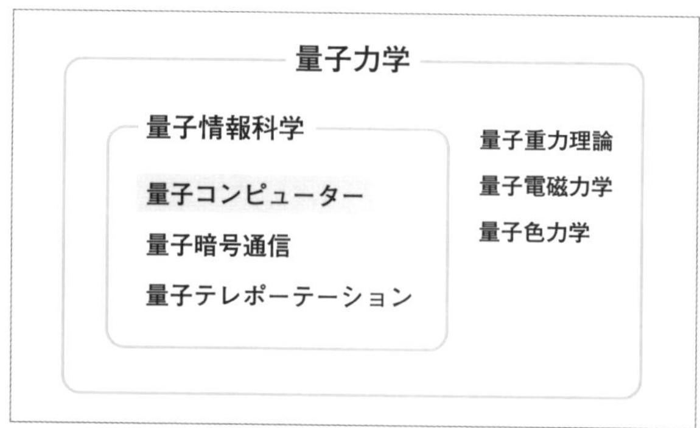

3-C-1 量子力学の分野の1つに量子情報科学があり、そのなかの小分類として量子コンピューターが位置づけられる

Chapter

4

活用が期待される産業分野を知ろう

量子コンピューターはどんな使われ方をする?

活用の可能性がある領域を知ろう

ここまでの章では、量子が持つ「重ね合わせ」「量子もつれ」などの性質や、量子コンピューターの仕組みについて学んできました。では、実際にどんな領域での活用が期待されているのでしょうか。

量子コンピューターを活用することで現在の課題を解消できたり、より効率的に計算を行えるようになったりする可能性があるのは、「材料化学計算」「最適化計算」「金融計算」「量子暗号」「機械学習」の5つの分野とされています。ただし、いずれもすぐに量子コンピューターを活用できる段階にいたっているわけではありません。今はまだ、将来の実用化に向けた先行投資として研究が行われている段階なのです。

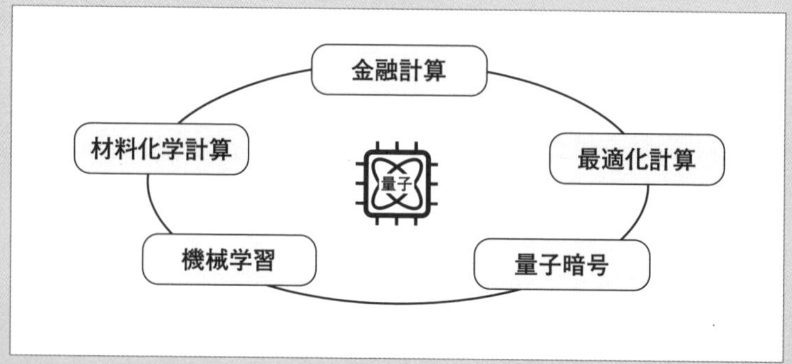

4-0-1 量子コンピューターの活用が期待される5つの分野。ただし、いずれの分野も実用段階にはまだ遠いのが実情

実用レベルになるのはまだ先

現在考えられている超伝導方式の量子コンピューターが実用レベルになるのは、20年後から30年後といわれています。将来的に量子コンピューターを業務で使いたいと考える企業にとっても、実用化がそこまで先となれば先行投資を行いづらくなってしまいます。

じつは2010年代後半には、「あと数年で量子コンピューターが実用レベルになる」と期待されていた時期がありました。しかし、当時期待されていた計算方法では想定していたような結果を出すことができず、新たな方法を模索する必要が生じているのです。

現在は、量子コンピューターを実用レベルにするために、世界各国の企業が新たなハードウェアの開発を急いでいる段階にあります。今後、より高い性能を持った量子コンピューターが登場すれば、また状況も変わってくるかもしれません。

量子コンピューターの可能性と実情を知ろう

第4章では、量子コンピューターの活用が期待されている分野と、どんな使われ方が想定されているのかを知ることに加え、過去に期待されていた仕組みと現実の課題や、今後量子コンピューターが実用レベルになるために求められていることなどを学んでいきます。

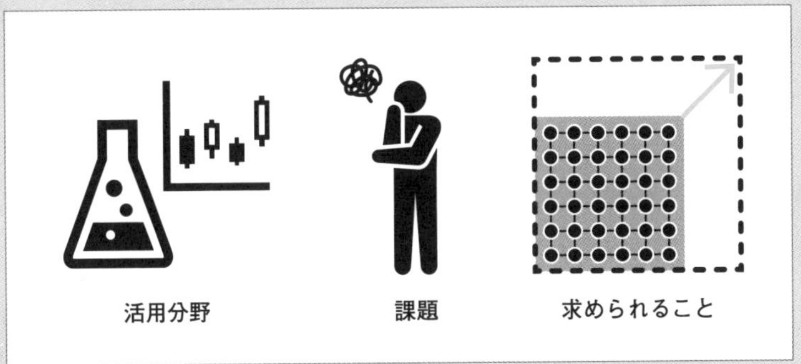

4-0-2 本章では、活用が期待される分野と使い方、実用化に向けての課題、量子コンピューターに求められていることを知ることができる

Chapter4 1

量子コンピューターが活用できそうな分野

量子コンピューターは、実際の産業ではどのような使い方が期待されているのでしょうか？ 今後可能性があるとされている分野とその用途について、湊さんに聞きました。

活用が期待される5つの分野

実際のビジネスでは、量子コンピューターはどのような分野で活用されていくのでしょうか？

「材料化学計算」「最適化計算」「金融計算」「暗号」「機械学習」の5つの分野で可能性があるといわれています。

それぞれについて簡単に教えてください。材料化学や最適化は耳慣れない言葉ですが、どのようなことをするのですか？

材料化学計算は、複数の物質を組み合わせて新しい材料を開発する研究です。**最適化は、業務効率化を図ったり、社会インフラを効率化したりするときに役立つ**のではと期待されていますね（122～129ページ参照）。

金融計算は、文字通り金融分野の計算を行うイメージですか？

そうですね。**ポートフォリオの解析やリスク分析など**複雑な計算を行う際に役立つといわれています。

暗号というのは先ほどから何度か挙がっている、より強固な暗号を作るというものですか？

そうですね。量子コンピューターを使うことで従来の暗号が解けてしまう可能性があるので、それに対して量子コンピューターを使って**より解読されにくい暗号を作る**というものです。

機械学習というのは、量子コンピューターを使ってAIを作るということでしょうか？

まだ実現には遠い状況なのですが、量子コンピューターを使って機械学習の計算を効率化する方法が模索されています。

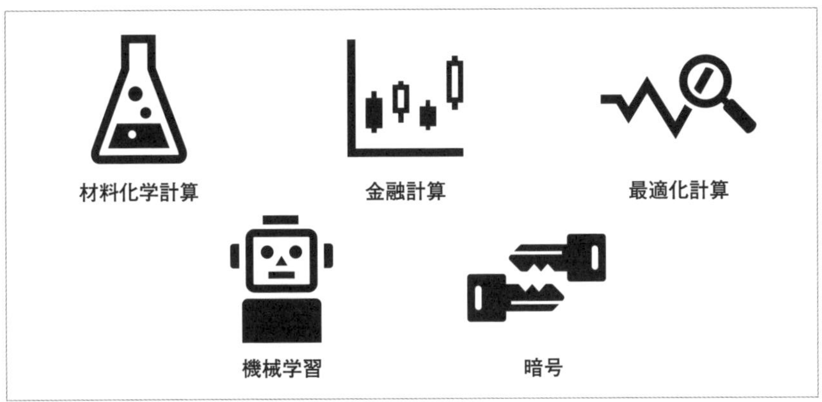

4-1-1 量子コンピューターの活用が期待されている5つの分野。ただしいずれもまだ実用段階には至っていない

今は「先行投資」の段階

この5つの分野は、まだ実現されてはいないということですか？

その通りです。いずれも現時点ではまだ実現できているわけではないのですが、今後、量子の性質である重ね合わせともつれを使って計算した場合に、有用性が期待される分野になります。

国産初号機や、そのほかの現在国内で稼働している量子コンピューターで行われていることも、これらの実現に向けた取り組みということでしょうか？

今はまだ研究目的での使用がメインになっています。たとえば材料開発なら、将来的にバッテリーを開発したいから、そのときにどのような計算を行うかを明らかにするために研究するといった感じですね。

ということは、まだ実用化には遠い状況なのですか？

そうですね。今の量子コンピューターは**先行投資**の要素がかなり強いのが現実です。

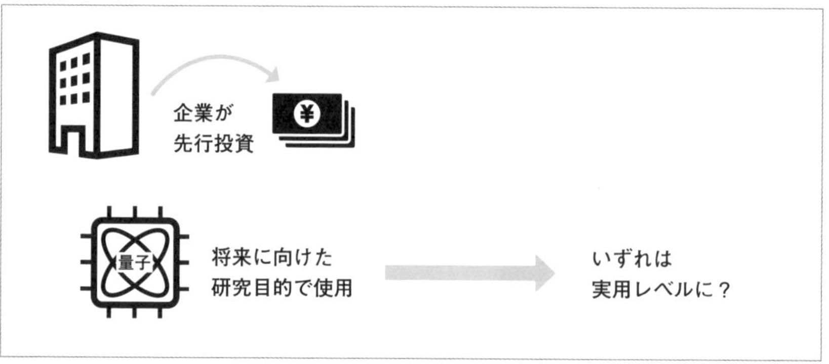

4-1-2 現時点の量子コンピューターは、将来の実用化に向けて研究を行うといった先行投資としての側面が強い

先行投資ということは、手がける企業にとってもかなりの賭けという感じになりそうですね。それでも量子コンピューターの開発や研究を続けることは必要なんですか？

必要だと思います。特に**国際競争力を高める**ためにも、日本国内できちんと開発を進めることは重要だと考えられています。

ちなみに、可能性があるとされている5つの分野の中で、「量子コンピューターならでは」というものはありますか？

材料化学計算と金融計算、そして量子暗号通信は量子技術でないと実現できない領域とされています。そのほかの分野も含めて将来的にはぜひ実現したいのですが、開発には大きな費用がかかるのが悩ましいところです。

特にどんな部分に費用がかかるのでしょうか？

ハードウェアの開発はもちろんですが、**ソフトウェアの開発も非常に難易度が高く、開発にも時間がかかる**ために、どうしても多くの人件費が必要になります。

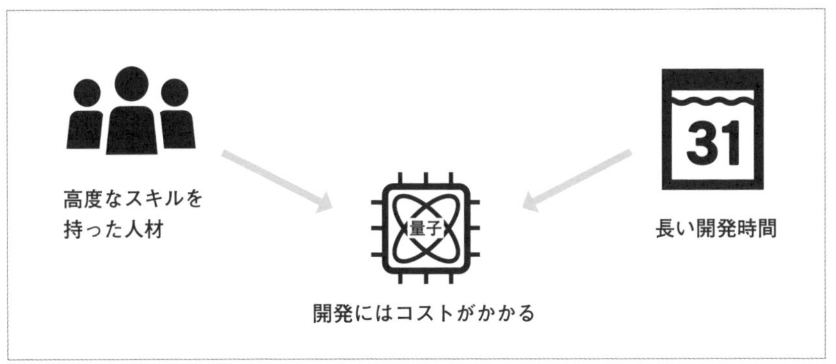

4-1-3 量子コンピューターのソフトウェア開発の難易度が高く、時間もかかるため、多くの人的コストが必要になる

量子コンピューターは、材料化学計算や金融計算、最適化計算、機械学習、量子暗号通信の分野で活用が期待されているけれど、現在は先行投資の段階。すぐに実用化できるわけではないものの開発を進める必要があり、それには時間もお金もかかってしまうという状況なんですね。

Chapter4

2 業界の全体像を把握しよう

量子コンピューターの開発には、どのような企業が携わっているのでしょうか？ 国内外の主要なハードウェア開発企業を中心に、業界の全体像について整理しておきましょう。

ハードウェアはおもに大企業が手がける

量子コンピューターの開発にはどんな企業が関わっているのか教えてください。

ハードウェアは、やはり大きな資本を持った企業が手がけていますね。具体的には、富士通や日立、NEC、NTTなどが参入していますよ。一方で、ソフトウェアを作っているのはほとんどがベンチャー企業ですね。

量子コンピューターは先行投資とのことでしたが、現時点で量子コンピューターを手がけている企業は、将来的なビジネスチャンスに期待を込めているということですか？

そうですね。この先のビジネスチャンスにつなげたいということだと思いますよ。

具体的には、どのあたりに可能性を見出しているんでしょう？

今までできなかった計算ができるようになることで、大きな市場を獲得できるのではという期待があると思います。

ハードウェアを手がける各企業は、どの方式の量子コンピューターを作っているんですか？

富士通とNECは超伝導方式、NTTは光方式、日立は半導体方式を手がけています。

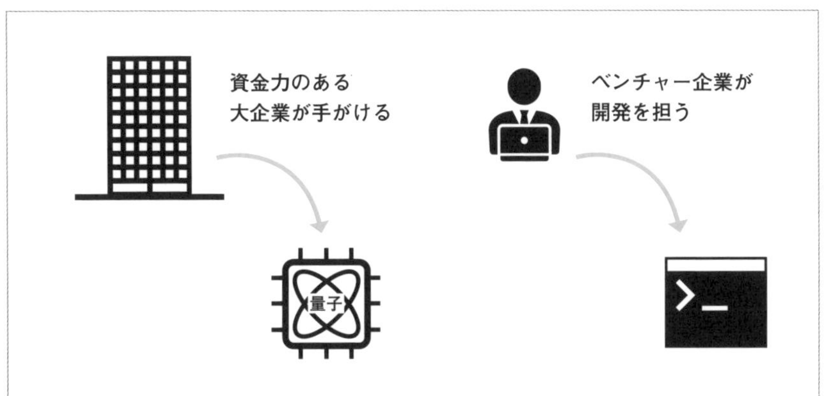

4-2-1 日本では、ハードウェアはおもに大手電機メーカーなどの大企業が、ソフトウェアはベンチャー企業が手がけている

こういった企業によるものとは別に、大学などでの研究も行われているということですよね？

そうですね。日本は長年、商用化を前提としたものより、研究用としての量子コンピューターに注力していたのですが、最近になって商用化に向けた動きがようやく出てきたという感じですね。

国産初号機も商用化前提のものでしたよね？

その通りです。**理研が開発した国産初号機をベースにした量子コンピューターの商用化**を各社が模索しています。これは日本において大きなステップになると思います。

海外ではハード開発のベンチャーも

海外では、どんな企業が活躍していますか？

ハードウェアを作っているのは、アメリカならIBMやGoogle、インテルです。中国ではバイドゥとアリババが参入しています。ヨーロッパはハードウェアでもベンチャー企業が多いですね。

IBMはかなり先端の量子コンピューターを作っているのでしたね（27ページ参照）。このほかに今、注目している企業はありますか？

アメリカに本社を置くIonQという企業が、新しい方式として期待されているイオントラップ方式の量子コンピューターの開発を進めています。

ベンチャーでもハードウェアの開発に精力的にチャレンジする企業が出てきているということなんですね。

このほかに、インテルも半導体方式（シリコン方式）の量子コンピューターの開発を進めています。これはとても重要な動きだと考えています。

どんなところがすごいのですか？

これまでの量子コンピューターは、研究用として1台ずつ生産していたのですが、**シリコン方式の場合、従来型コンピューターと同じ半導体工場を使って生産できるようになります。**

普通のコンピューターと作るのと同じような流れで、量子コンピューターを作れるようになるということなんですね。日本国内だけでなく、海外の動向も知っておくことが重要になりそうです。

ハードウェア

超伝導方式

日本

理研　富士通　NEC

海外

IBM（アメリカ）
OQC（イギリス）
本源量子（中国）

イオントラップ方式

海外

IonQ（アメリカ）

冷却原子方式

海外

QuEra（アメリカ）
Pasqal（フランス）

半導体方式

日本

日立

海外

Intel（アメリカ）
Quantum Motion（イギリス）

光方式

日本

NTT

海外

PsiQuantum（アメリカ）
TuringQ（中国）

ソフトウェア

日本

Qunasys
blueqat

アメリカ

QCWare
Zapata Computing

イギリス

Riverlane

スイス

Terra Quantum

スペイン

Multiverse

4-2-2　国内外のおもな量子コンピューター関連企業。ハードウェアとソフトウェアに大別でき、ハードウェアは方式で分類できる

Chapter4 3

国ごとの開発力の違いはどこから来ているの?

量子コンピューターに関しては各国がハードウェアやソフトウェアの開発にしのぎを削っています。各国の開発力の差はどこに起因しているのでしょうか? その背景を湊さんに解説してもらいました。

どうやって人を育てている?

量子コンピューターに携わる人材育成に関しても、日本と海外では違いがあるのでしょうか?

アメリカでは、大学が量子コンピューターの人材教育に積極的に乗り出すというニュースをよく耳にします。そもそも国全体として**コンピューターサイエンス分野の人材育成に力を入れている**状況があり、12歳以下を対象にしたU-12プログラミングコンテストが行われるなど、早い段階から人を育てようという意識があります。

日本の状況はどうなんでしょう?

日本ではおもに大学が人材育成を担っていますが、アメリカなどに比べるとかなり弱いと感じますね。

その要因はどこにあるんですか?

大学で量子力学を学んでも、就職先が多くないという状況はよく耳にします。日本の大学は就職を前提としたカリキュラムになっていることが多いので、就職先が少ないとどうしても人材育成が進みづらくなってしまうんですよね。

安全保障としての量子コンピューター

国策としての違いのような部分はどうでしょう？

アメリカや中国は、量子コンピューターにかなりの予算を割いていますね。

でも、量子コンピューターはすぐに実用レベルになるわけではない、先行投資的な技術ということでしたよね。それでもアメリカや中国がしっかりお金をかける理由はどこにあるんですか？

量子コンピューターは、もともと**軍事産業**としての側面が大きいんです。アメリカや中国の場合、そういった目的を前面に出して開発を行っていることも多く、国の将来のためにともかく開発を進めなくてはという緊張感は高いかもしれません。

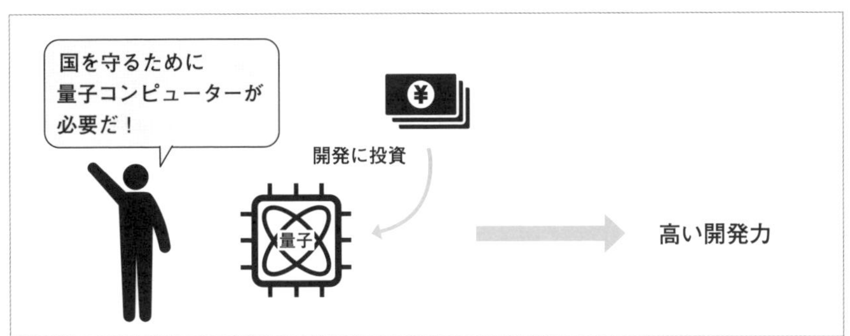

4-3-1 量子コンピューターを軍事産業として捉えている国では、積極的な開発が行われている

日本の状況とは、根本的な部分から違いがありそうですね。

アメリカ、イギリス、オーストラリア、カナダ、ニュージーランドは安全保障で連携しており、量子コンピューターの開発においても連携しながら取り組んでいます。

これらの国が、量子コンピューターの開発に注力しているということですか？

そうですね。そして、これらの国と開発競争をしているのが中国です。これらの国は量子コンピューターが強い状況がありますね。

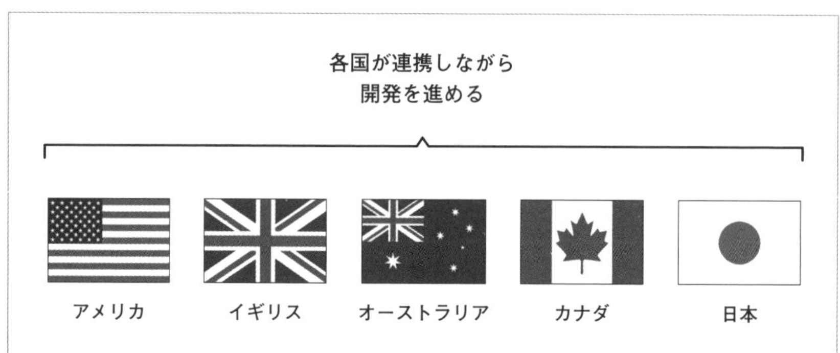

4-3-2 量子コンピューターは、さまざまな国が連携しながら開発を進めている

このような安全保障としての側面で考えた場合、量子コンピューターはどんな使い方が想定されているのですか？

量子コンピューターを使って相手の暗号を解読する、あるいは自国の暗号が解読されないように**量子暗号通信**を使って守るといった用途がまず挙げられます。

国際情勢が緊迫するほど、量子コンピューター開発の必要性が強まるという感じなんですね。

内閣府が進める「ムーンショット」

日本でも、国が主導して進めているようなプロジェクトはあるのでしょうか？

最近は各国と連携して日本でも安全保障の取り組みを進めています。内閣府による研究開発推進の取り組み「ムーンショット」の目標の1つに、「誤り耐性型汎用量子コンピュータの実現」が含まれています。

誤り耐性型汎用量子コンピュータは、エラーを減らす誤り訂正を実現し、さまざまな用途で活用するための十分な精度を持った量子コンピューター。ムーンショットでは、2050年までの実現をめざしている。

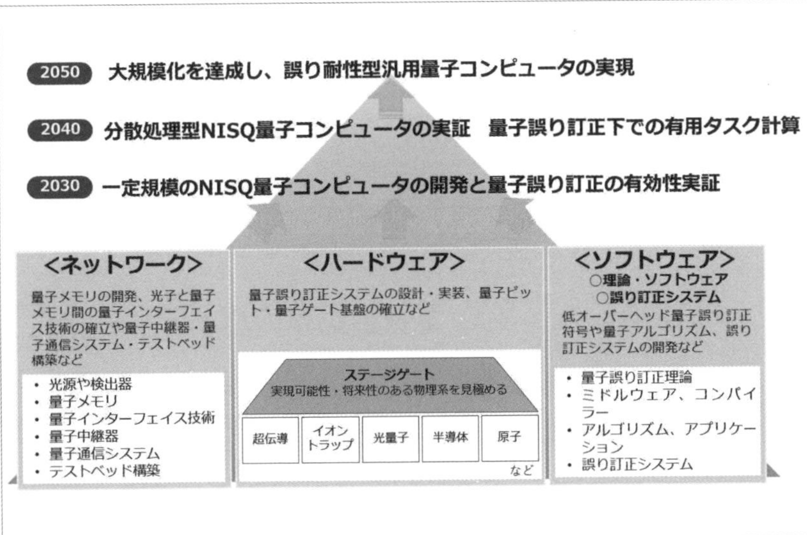

4-3-3 イノベーション創出をめざす国の大型研究プログラム「ムーンショット型研究開発制度」の目標の1つに「誤り耐性型汎用量子コンピュータの実現」が掲げられている
出典：内閣府ホームページ

日本の量子コンピューター開発は「企業の業務を支援する」要素が強い印象がありますが、**海外では安全保障の側面から開発が進む状況もある**ということですね。世界に目を向けると、いろいろなことが見えてきます。

Chapter4

4

材料化学計算で新しいバッテリー素材を開発

量子コンピューターの活用が期待されている分野の1つが、新しい材料を開発する際に行う材料化学計算です。具体的な用途やどんなメリットが期待できるのかを知っておきましょう。

バッテリー開発などで期待

量子コンピューターの活用が期待されているそれぞれの分野について、詳しく教えてください。まず、**材料化学計算というのは、具体的に何の材料のことですか？**

いちばん期待されているのは、**電気自動車のバッテリー**の開発ですね。

バッテリー用の新しい材料を開発することでバッテリーの性能上がり、電気自動車自体の性能向上にもつながるという感じでしょうか？

そうですね。今の電気自動車はガソリン車と比べて走行距離があまり長くない点が課題となっていますが、量子コンピューターでより高性能なバッテリーを開発できれば、その課題を解消できる可能性があります。

材料開発のために計算は、従来型のコンピューターではできないのですか？

量子

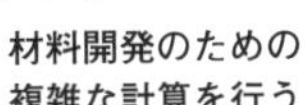
材料開発のための
複雑な計算を行う

EV
バッテリーなどの
性能向上

4-4-1 材料化学計算では、電気自動車のバッテリーなどに使う新しい材料を開発するための複雑な計算を行う

従来型のコンピューターを使った場合、スーパーコンピューターであっても膨大な時間がかかる計算を、より短時間で行えるようになるのではと期待されています。

具体的に、どんな計算をするのですか？

素材を構成する原子や分子それぞれの電子の配置を調べ、その作用を求めるための複雑な計算を行います。

その計算が実際に量子コンピューターで行えるようになったときに、バッテリーの性能がこのくらい向上するといった試算のようなものはあるのでしょうか？

具体的に計算できている段階ではないですね。でも、研究開発に乗り出す自動車メーカーも多く**前向きなニュースの多い分野**です。

バッテリー以外には、どんな材料の開発に役立つんですか？

半導体素材の開発も期待の高い分野ですね。より性能のいい半導体を作るための素材開発を行いたいというニーズです。

実現はまだ先とはいえ、電気自動車の性能向上など私たちが生活の中で直接恩恵を受けられる可能性の高い分野が材料化学計算ということですね。

Chapter4
5

最適化計算で複数の自動運転車のルートを同時に選ぶ

複雑な計算を効率的に行える量子コンピューターは、たくさんの組み合わせから全体にとって最適なものを選ぶ最適化計算にも適していると考えられています。その可能性について理解しましょう。

最適な経路を効率的に探し出す

最適化計算は、どんな用途に使われるものですか？

いちばんわかりやすいのは、カーナビや地図アプリの経路探索かもしれません。目的地は同じでも、途中の経路にどれを選ぶかで時間やコストが変わるので、最適なルートを選ぶために使うというニーズがあります。

でも、現在地から目的地までの経路を調べたり、渋滞を回避して最適なルートを選んだりといったことは**今のカーナビや地図アプリでもできますよね？** それでは不十分ということですか？

1台の車で、目的地や道路の渋滞状況から最適なルートを選ぶだけなら今の技術でも問題ありません。でも、自動運転が普及して、たとえば**5000台の車のルートを同時に計算して最適解を出す**となると、今のコンピューターでは計算が難しいといわれています。

空いている道路があったとしても、近くを走る5000台の自動運転車がすべてその道に殺到したら、結局渋滞してしまいますね。そうならないルートを決める必要があるということでしょうか？

その通りです。ドライバーが自分でルートを決めることのない自動運転車の場合、たくさんの車が同時に同じルートを選んでしまう可能性が高くなります。そこでルートを分散させて、どのルートでも渋滞が起こらないようにする必要があります。

同じ目的地に向かっている5000台の車がみな最短で移動できる方法を考えなくてはならないんですね。

そうです。**「全体最適」**といわれる考え方ですね。

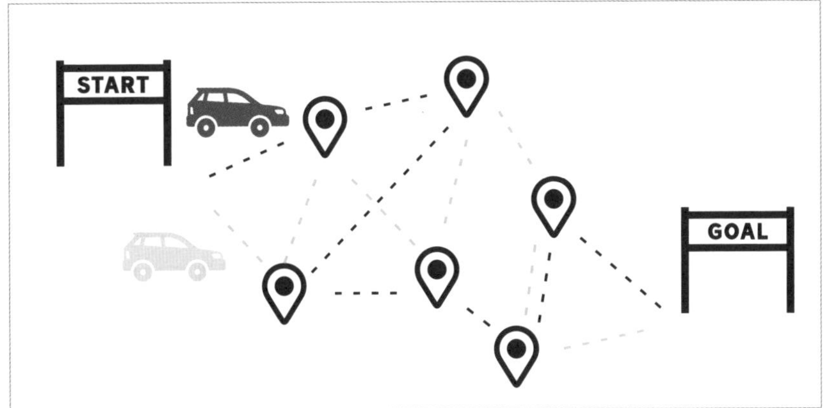

4-5-1 たくさんの自動運転車を分散させ、どのルートでも渋滞が起こらないようにする方法を考えるときに最適化計算が役立つ

このほかにも、最適化計算が役立つ場面はありますか？

温室効果ガスの削減の対策を進める際にも全体最適化が重要といわれているので、そういった分野で活用できるかもしれません。

複雑な要素が絡み合う複雑な組み合わせを考えときに、量子コンピューターを使うことで効率的に計算できる可能性があるということなんですね。

Chapter4

6 金融や暗号と量子コンピューターの関係は?

金融分野の複雑な計算や、より解読されにくい複雑な暗号を作るときにも量子コンピューターが役立つといわれています。どんな活用が期待されているのか湊さんに教えてもらいました。

価格予測やリスク計算に利用

金融計算というのは、どんなものですか？

複数の株式から最適な組み合わせを選んだり、倒産などのリスクを計算したり、将来的な価格の予測をしたりといった計算ですね。金融商品を作る場合に役立つとされています。

これも従来型のコンピューターだと計算に時間がかかってしまうのでしょうか？

そうですね。今のコンピューターではシミュレーションに非常に時間がかかります。量子コンピューターを使うことで、同じ精度の計算を非常に少ない計算量で行えるのではと期待されています。

これは、具体的にどんなメリットがあるのでしょう？

計算にかける時間とコストを減らすことができます。これは、量子の重ね合わせを使うことで実現しているものです。

量子の性質を使って効率化できるんですね。

このほかに、この後説明する暗号化の技術も、金融の分野では役立つといわれています。

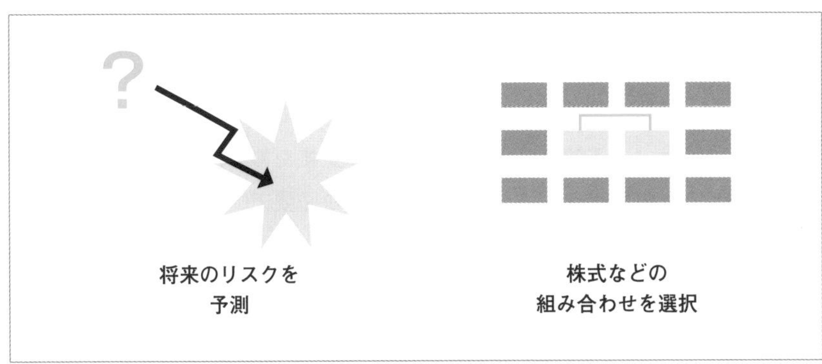

4-6-1 株式などの最適な組み合わせを選択したり、倒産リスクを予測したりする計算に量子コンピューターの活用が期待される

これまでの暗号が解かれてしまう!?

量子コンピューターと暗号の関係についても教えてください。

まず、量子コンピューターを使って計算を行うことで、これまで使われてきた**暗号が解読できるようになってしまう可能性がある**いわれています。

それは怖いですね。今のインターネットなどで使われている、データを暗号化してやりとりする通信の内容が解読されてしまうかもしれないということですよね。

そうなんです。もしそんなことが起きたら、クレジットカードやECサイトをはじめ、日常生活のあらゆるサービスに支障をきたし、大混乱につながります。

なぜ、暗号解読が可能になってしまうのでしょうか？

現在の暗号として使われる仕組みの1つに、従来式のコンピューターでは解くのが難しいといわれる素因数分解を行うアルゴリズムがあります。これは、現在のスーパーコンピューターを使っても素因数分解を行うのは非常に困難であるという前提のもとに成り立っています。

素因数分解は、ある数字を素数のかけ算で表すための計算。巨大な数を素因数分解して元の素数を探すには膨大な計算が必要で、スーパーコンピューターでも困難とされる

この計算を、量子コンピューターでは解けるようになってしまうということですか？

そうです。量子の重ね合わせともつれの性質を使うと、**素因数分解を現実的な速度で計算できる**ため、現在使われている暗号を破れるようになってしまうといわれています。

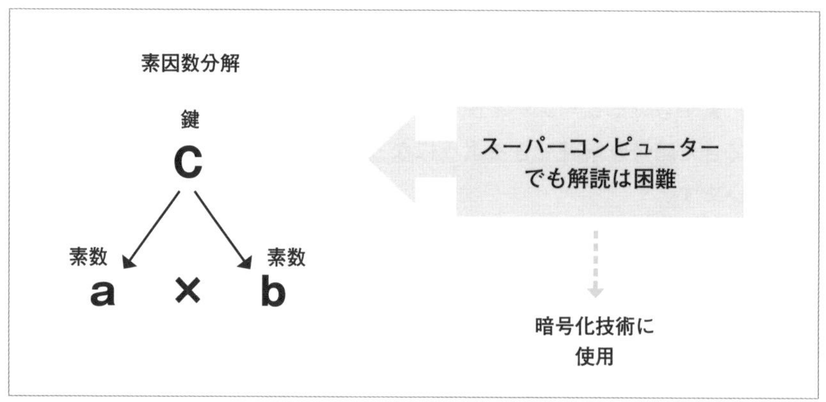

4-6-2 素因数分解はスーパーコンピューターでも解読が非常に困難とされ、それを生かして暗号技術に使われている

何か対策はないのでしょうか？

対策もまた、量子の性質を使って行えるのではないかといわれています。それが**量子暗号**です。

解読されない暗号を作れるようになるということですか？

その通りです。量子の性質を使うことで、原理的に解読されない暗号を作ったり、盗聴されにくい通信の仕組みを作ったりできると期待されています。

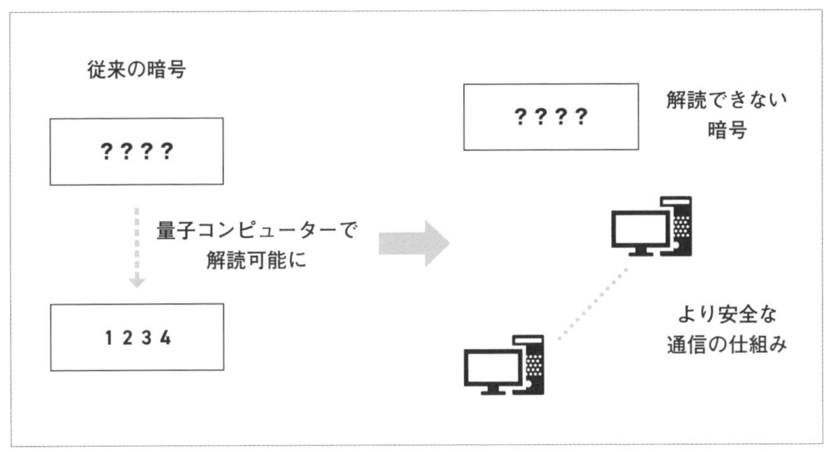

4-6-3 量子コンピューターでも解読できない暗号や、より安全な暗号通信の仕組みを作ることが期待されている

ここまでをまとめると、金融分野では、価格の予測や倒産のリスクといった計算を行う際や、セキュリティ問題での活用に期待されているということでしたね。また、セキュリティに関する問題として、量子コンピューターを使うと従来の暗号が解読できてしまう可能性があり、量子コンピューターで解読されにくい暗号や通信の仕組みを作ることが求められているということですね。

Chapter4 7

AIの性能向上に量子コンピューターは役立つ?

目ざましい進化をとげ、近年大きな注目を集めているAIでも、量子コンピューターを活用できる可能性はあるのでしょうか? その可能性の現状について湊さんに聞きました。

AIの性能向上にも役立つ?

最近、AIが大きな注目を集めていますが、量子コンピューターをAIの性能向上に役立てることはできるのでしょうか?

機械学習などAIの計算はコストや消費電力が非常に大きいので、そこを軽減したいというニーズはありますね。

量子コンピューターは、もつれや重ね合わせの性質を使って効率的に計算するということでしたよね? これらの性質を使うことで、AIに関する計算も速くなる可能性はあるのですか?

従来型のコンピューターより速く計算することはできていません。その方法を模索しているところではありますが……。

実現できる可能性はあるのでしょうか?

量子コンピューターの重ね合わせやもつれの性質を従来型のコンピューターで活用する試みは行われていますが、**量子コンピューターでAIの計算そのものを速くするということは現状では難しい**んですよね。

AIに関する計算での
活用を模索
量子
SPEED
現状では
従来型コンピューターのほうが
計算速度が速い
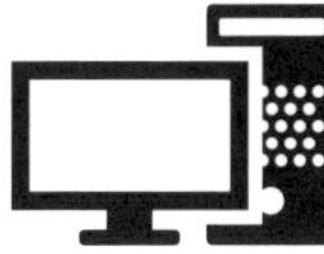

4-7-1 量子コンピューターは計算スピード自体が速いわけではないため、現状ではAIの計算速度向上にはつながらない

それは、第3章で教えていただいた**「計算速度そのものを速くしているわけではなく、効率的に計算している」**ということが関連しているのでしょうか？

そうですね。結局のところ、量子コンピューターの計算スピード自体は速くないんですよね。1000皿のカレーを500皿ずつ甘口と辛口にするときに、重ね合わせともつれの性質を使って効率的に作ることはできますが、1皿のカレーを作る速度自体は遅いんです。

無理に量子コンピューターを使うより、従来型の高性能なコンピューターを使ったほうがいいということですか？

現状ではそういうことになります。ただし、今後もしAIや機械学習に関することで従来型のコンピューターでは解決できない問題が出てくれば、それを量子コンピューターの重ね合わせやもつれの性質を使って処理することは検討されるかもしれません。

期待されているものの、実現はもう少し先になりそうな分野ということなんですね。

Chapter4 8

期待されているほど進歩しなかった理由

量子コンピューターが持つ可能性について、より大きな期待がかけられていた時期がありました。期待通りの結果につながらなかった背景にはどんな事情があったのでしょうか？

期待されていた成果が出なかったのはなぜ？

数年前に、「あと数年で量子コンピューターを使っていろいろなことができるようになる」という話題をよく耳にしました。当時期待されていたものは、現状ではどうなっているのでしょうか？

2018年頃には、現在可能性があるとされているものより広い分野で量子コンピューターの活用が期待されていました。当時は、2021年～2023年頃にはそれらが実現するといわれていましたが、結局、どれも実現できなかったんです。

なぜ、うまくいかなかったのですか？

実際に計算してみたら、想定していたような結果にはならなかったということです。

それは、量子コンピューターの開発が追いつかなかったということですか？

ハードウェア、ソフトウェア共に開発は順調に行われていたのですが、予測が外れてしまいました。

そこまで高い期待がかけられていたのはなぜですか？

そこには、量子コンピューターの計算の仕組みが関係しています。当時想定していたのは、量子コンピューターと従来型のコンピューターのハイブリッドで計算を行う方法です。

第3章で教えていただいたものですね（94ページ参照）。

ハイブリッドで計算する方法が出てきた頃には、いろいろな計算が可能になると大きな期待がかけられていたのですが、**量子コンピューターと従来型のコンピューターで交互に計算しなくてはならないので、結局あまりスピードが上がらないことがわかりました。**

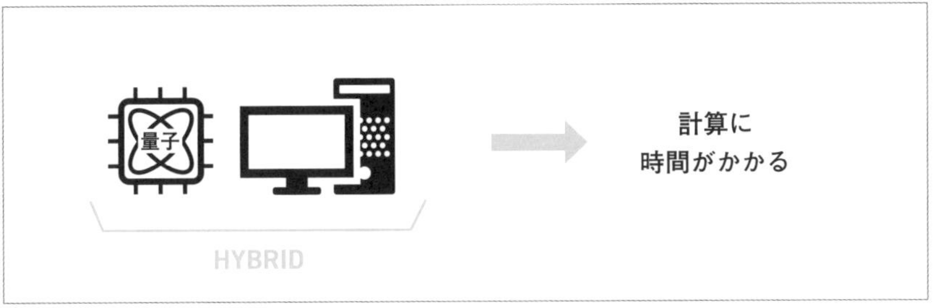

4-8-1 従来型コンピューターとのハイブリッド方式は、計算に時間がかかり、期待していた結果につなげることができなかった

より高い性能を持つハードにも期待

その課題を解決するような、新しい仕組みは作られていないのですか？

結局、理想型として考えられていた量子コンピューターだけで計算する方法をとる必要がありますが、それを実現するだけのハードウェアがまだないという状況ですね。

ハードウェアの進化を待つしかないということでしょうか？

そうなりますね。ただし、量子コンピューターだけで計算を行えるレベルに達するのは、**超伝導方式の場合およそ20年後**といわれています。

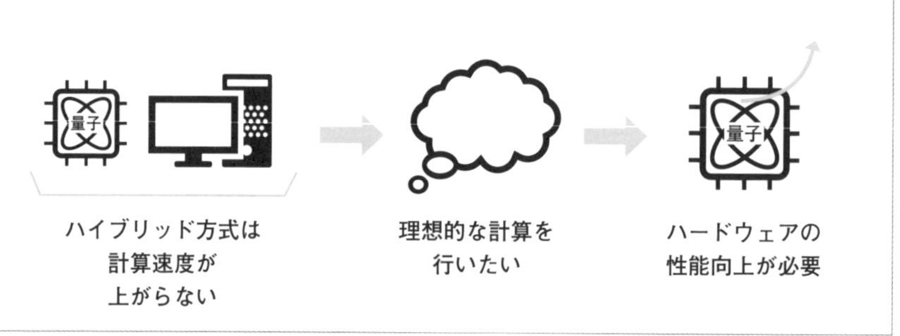
量子
量子
ハイブリッド方式は
計算速度が
上がらない
理想的な計算を
行いたい
ハードウェアの
性能向上が必要

4-8-2 理想通りの計算を行えるようになるには、ハードウェアの性能向上が必要。ただしそれには時間がかかる

ずいぶん先ですよね。この状況を打破できるような動きはないのでしょうか？

超伝導方式以外にも、冷却原子方式やイオントラップ方式、半導体方式など多角的な検討が進んでいます。

すると、まずはハードウェアの開発が求められていて、そのハードにあったソフトウェアが開発され、その後ようやく量子コンピューターを活用できる段階になるという流れですね。

そうですね。まず**ハードウェアの開発が急務**となり、より性能が高くてより量子ビット数が多いものが求められています。

量子コンピューターの活用

性能の高い
ハードウェアの登場

ハードウェアに対応した
ソフトウェアの開発

4-8-3　性能の高いハードが登場し、それを使って計算できるソフトが開発されて初めて、量子コンピューター活用が現実味をおびる

将来的に量子コンピューターが必要とされているけれど、実用レベルに達するにはまだまだ時間がかかる。それでも研究開発の手を止めるわけにはいかないという、なかなか難しい状況に置かれているということなんですね。

そうなんです。研究開発を行っている側としては、企業に使ってもらいやすくするために量子コンピューターでうまく計算できない部分をAIで補うような仕組みを用意したりと、工夫しているケースはあります。

それは、メインは量子コンピューターとAIのどちらになるのですか？

結局、現状だとAIがメインなんですよね。量子コンピューターのメリットを実用レベルで生かすのはまだまだ難しいので……。

数年前に期待されていた広い分野での活用は、実際の計算が思い通りに行かなかった。その計算を理想通りに行うためにはハードの進化が必要だけれど、それにはまだ時間がかかるという状況に置かれているということですね。なんだかじれったいですね。

Chapter4 9

量子コンピューターの今後の可能性

量子コンピューターは、今後どのように進化していくのでしょうか？まだまだ見えない部分は多いとはいえ、期待も大きいはずです。今後の可能性について湊さんに聞きました。

実現の近い分野はある？

ここまでの話を聞き、量子コンピューターはまだまだ発展途上のものだとわかりました。活用が期待されている各分野についての、今後の見込みのようなものは見えているのでしょうか？ たとえば、実現したときにいちばん世の中への影響が大きいのはどの分野ですか？

成果が目に見えてわかりやすいのはAIですね。ただ、先ほどもお話ししたように、従来型のコンピューターの計算速度を超えることは現状ではできていません。

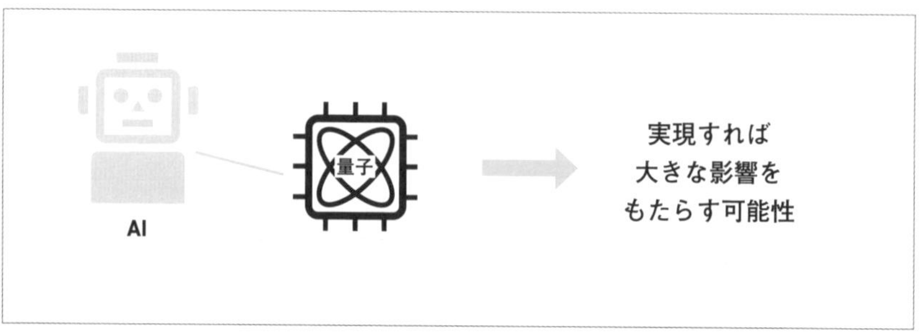

4-9-1 現状では従来型のコンピューターの速度を超えることができないが、AI関連での活用が実現すればその影響は大きい

そのほかの分野はどうでしょう？ たとえば、国産初号機の量子コンピューターを使って、材料化学計算を行うということは可能ですか？

計算自体は行えますが、現状だと少ない量子ビット数しか使えない状況なんですよね……。

国産初号機は64量子ビットでしたよね？

ソフトウェア側の問題があり、すべての量子ビットを使えるわけではなく、**実際に材料化学計算で使えるのは多くても10ビット程度**なんです。

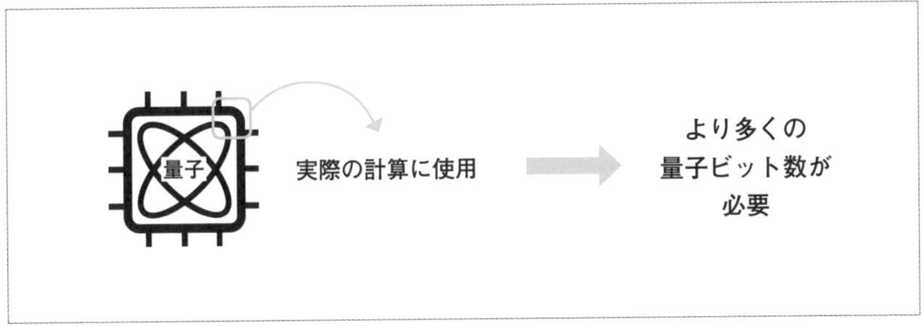

4-9-2 国産初号機の場合、実際の計算で使えるのは6量子ビット程度。実用レベルの計算にはより多くの量子ビットが必要

そうなんですね。計算を行うには、やはり量子ビット数は多いほうがいいんですよね？

基本的には多いほうが理想ですが、前節でお話しした通り、実現はまだ遠い状況があります。

この先の進化を予測することは可能？

量子コンピューターのこれからについて、「ハードウェアがこの程度進化すれば、こんな計算ができる」といった予測のようなことは可能なのでしょうか？

IonQから、ソフトウェアの進化と、それにともなってできるようになることを示した予測のグラフが公開されています（図4-9-3）。できることが増えるほど金額（経済効果）が積み上がっていくのがわかると思います。

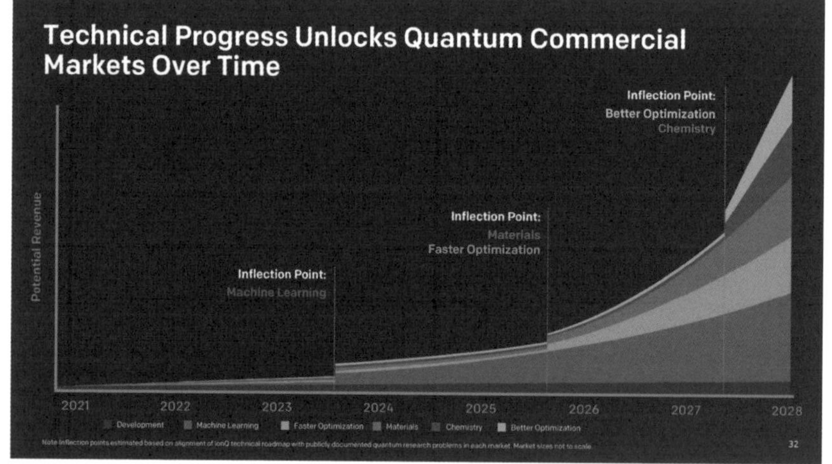

4-9-3　横軸は時系列、グラフ内に書かれた文字は量子コンピューターの用途、縦軸はそれらの用途に使えるようになった場合の経済効果を示している
出典：IonQ-Investor-Presentation-030721-vFF.pdf

誤り訂正がどのくらい進化するかについても、予測が立っているのですか？

誤り訂正がどの程度可能になっていくかを考えるにあたって参考になるソフトウェアの進化を予測したグラフも、IonQから公開されていますよ（図4-9-4）。

4-9-4 横軸は時系列、縦軸はIonQの独自指標で、ソフトウェアを動かすときに必要になる量子ビット数の大きさを意味する。2026年以降に大きく伸びていくことが予測されている
出典：IonQ-Investor-Presentation-030721-vFF.pdf

最適化計算や機械学習についても、計算スピードがどのくらい向上するかといった予測は立っているのですか？

これらの分野については、理論的な予測が難しいんです。ただし期待されている用途であることは間違いありません。

ある程度の予測は出ているとはいえ、未確定の部分が大きいのが量子コンピューターの現状なんですね。

当初想定されていたよりもはるかに早く誤り訂正が実現されてきたのに加え、アプリケーションも当初想定していた用途以外のものも多く開発されたので、新しくこれから開発されるハードウェアやソフトウェアはもしかしたら私たちの予想を超える形で実現していくかもしれません。

column

期待されていた「量子アニーリング型」の今

2010年代後半頃の量子コンピューター研究の世界では、「量子アニーリング型」とよばれるタイプの量子コンピューターに高い期待が寄せられていました。これは現在主流となっている量子ゲート方式とは仕組みが大きく異なるもので、量子ビット数が大きいことから幅広い用途に活用できると考えられていました。なかでもカナダのD-Wave社は、量子アニーリング型の量子コンピューターを作る企業として大きく注目されました。

ところが実際に使ってみると、期待されていたような結果にはつながらなかったのです。研究者の間では量子アニーリング方式の量子アニーリングを実用化レベルにまで押し上げるのは困難であると考えられるようになり、試行錯誤が続けられています。

量子アニーリング型は、量子コンピューター実用化に向けた試みのなかの、1つの歴史といえるかもしれません。

4-C-1 量子アニーリング型は、かつて高い期待が寄せられたものの、現在では実用レベルにすることは難しいと考えられている

Chapter 5

量子コンピューターを体験しよう

シミュレーターで量子コンピューターの動きを体験

□ 目に見えない量子を可視化できる

ここまでの章では、量子コンピューターの仕組みや量子の性質などについて学びました。図解などを使って視覚的に理解できるように解説してきましたが、量子という実際には目に見えないものを扱っているだけに、まだイメージしきれないと感じている方もいるかもしれません。

見えない量子の動きを可視化するために役立つのが、画面上にブロックを並べて量子回路を作り、計算の結果を数値とグラフで確認できるシミュレーターです。シミュレーターの画面上にはさまざまなブロックが用意されており、それらを組み合わせて量子回路を作ります。難しそうに感じるかもしれませんが、今回はごく初歩的な操作だけを行うので、主要ないくつかのブロックさえ覚えれば問題なく進めることができます。

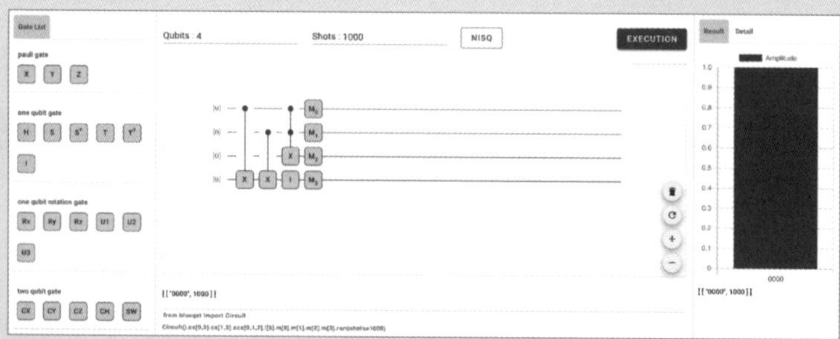

5-0-1 シミュレーターを使えば、マウス操作だけで量子コンピューターの計算を体験できる。画面左側にある「X」「H」などのブロックを並べるだけで重ね合わせやもつれをシミュレートした計算が可能

第3章では、コインの表と裏をひっくり返したり、コインを回したりする操作にたとえて、量子の操作を学びました。本章でシミュレーターを使って行っている操作も基本的には同じです。量子の0と1の状態を変える、つまりコインをひっくり返す操作を行うときには「X」のブロックを使い、量子の重ね合わせを行う、つまりコインを回す操作には「H」のブロックを使います。さらに、「CX」のブロックを使って量子をもつれさせることも可能です。これらの操作を理解しておけば、本章のシミュレーターの操作は問題なく行うことができます。

計算の結果は数値で表示され、さらに、複数の計算を同時に行った場合には、それぞれの計算が行われた回数がグラフで表示されます。これも初めて見ると複雑に感じるかもしれませんが、ルールさえ知ってしまえばさほど難しいことはありません。

本章ではまず、シミュレーターの仕組みや各ブロックの役割、基本的な操作方法などを学びます。その後、実際に簡単な回路を作り、量子の性質である重ね合わせやもつれの性質を使って4つの計算を同時に行う流れを体験します。従来型コンピューターの計算方法で個別に計算を行った場合との違いを比較することで、量子コンピューターで計算を効率化できることが実感できるはずです。

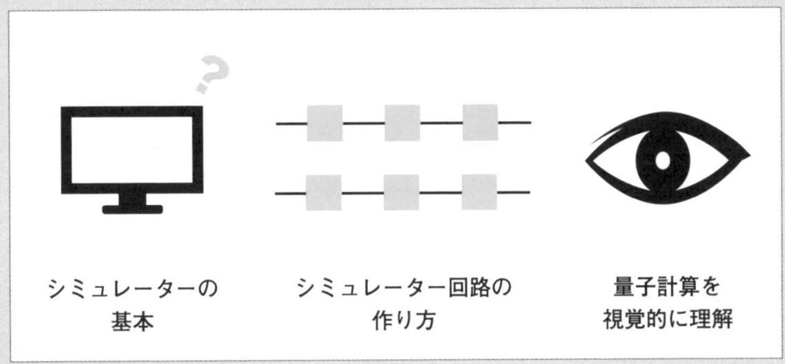

5-0-2 本章を通して、シミュレータの仕組みや使い方、回路の作り方を学び、量子計算の特徴を視覚的に理解できるようになろう

Chapter5
1 シミュレーターで量子コンピューターを体験する

量子コンピューターを使った計算の流れを視覚的に理解できるツールに、量子ビットの操作を指定して計算結果を確認できるシミュレーターがあります。まずは基本操作について湊さんに教わりました。

シミュレーターで量子の動きを実感できる

量子コンピューターの仕組みについて、何となくわかってきました。実際の量子ビットの動きをもう少し具体的に体験することはできますか？

私たちの会社（blueqat株式会社）で提供している技術を利用して開発された**量子コンピューターのシミュレーター**を使って、重ね合わせともつれの動きを確認してみましょう。

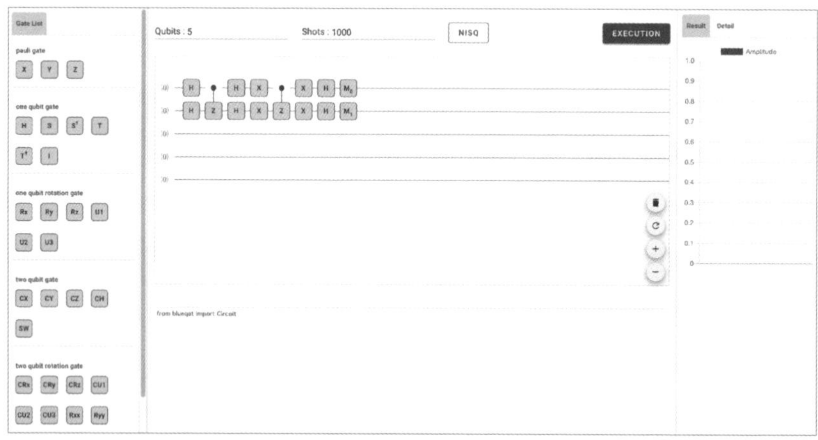

5-1-1 シミュレーターの画面。左に並んだ量子ビットの動きを指定するブロックを中央の線の上に配置して計算を行う

本章で紹介しているシミュレーター「qplat」は、以下のURLからアクセスして利用できます。

http://qplat-education.devel-q.com/

図5-1-1を見ると、アルファベットが表示されたブロックのようなものと、五線譜のような画面が出てきました。これはどうやって使うんですか？

左側の「Gate List」に並んでいるブロックは、ゲート操作といって量子ビットをどのように操作するかを決めるためのものです（図5-1-2）。第3章で説明したコインの操作のたとえでいえば、**「X」はコインをひっくり返すとき、「H」はコインを回すとき**に使います。

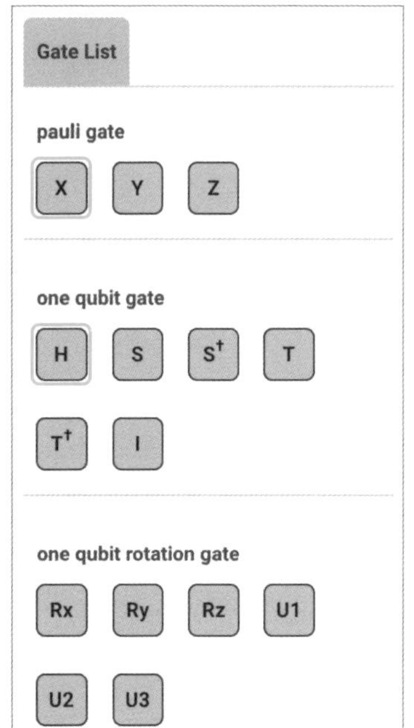

5-1-2 量子ビットの動きを指定するブロック。まずはコインをひっくり返すことを示す「X」、コインを回すことを示す「H」を覚えよう

図5-1-1の画面中央の上部に数字が入っていますが、これは何の数字でしょうか？

「Qubits」は量子ビット数、「Shots」はショット数といって、計算を何回行うかを表しています。

今の画面では「Qubits」が「5」、「Shots」が「1000」となっていますね（図5-1-3）。

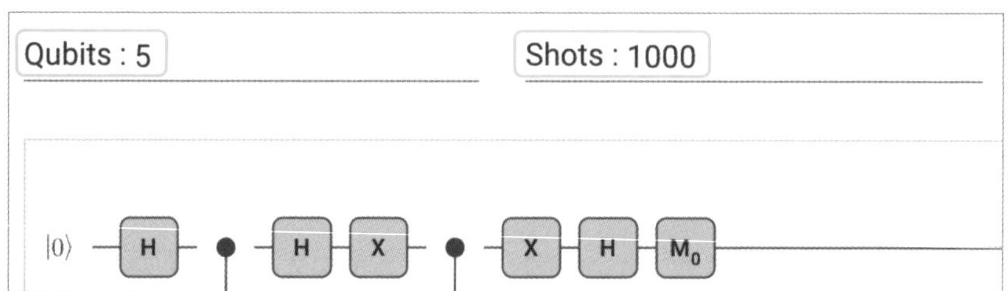

5-1-3 「Qubits」で計算に使う量子ビットの数を、「Shots」で計算を行う回数を指定する。まずは小さい数で試してみよう

この場合、「5量子ビットの計算を1000回実行する」という意味になります。

量子ビットの動きを指定して計算

このシミュレーターで実際に計算を行うには、どうしたらいいのでしょうか？

まず右のほうにあるゴミ箱ボタンをクリックして計算をリセットしてから、量子ビット数を「1」、ショット数を「100」にして試してみましょう。最初に左側のブロックを線の上にドラッグ&ドロップして、量子ビットの動きを指定します。

コインを回したい場合なら、どれ選べばいいですか？

まず、「M」のブロックを配置しましょう。このブロックはどの計算を行う場合でも必要になります。**「M」は「Measurement」、つまり測定のためのブロックです。**

5-1-4 「Qubits」を「1」、「Shots」を「100」にして、画面右下にある「M」のブロックを線の上にドラッグ＆ドロップする

「M」のブロックの表示が「M_0」に変わりました（図5-1-4）。

「M」のブロックは、配置すると自動で右下に数字がつきます。1個目の量子ビット、つまりいちばん上の横線なら「M_0」、2個目の量子ビット、つまり2本目の横線なら「M_1」となります。

これだけでは操作できないということですよね。次は何を選べばよいですか？

次は図5-1-5のように、重ね合わせの操作を行うブロック「H」を「M_0」の手前に追加します。これがコインを回す状態を意味します。

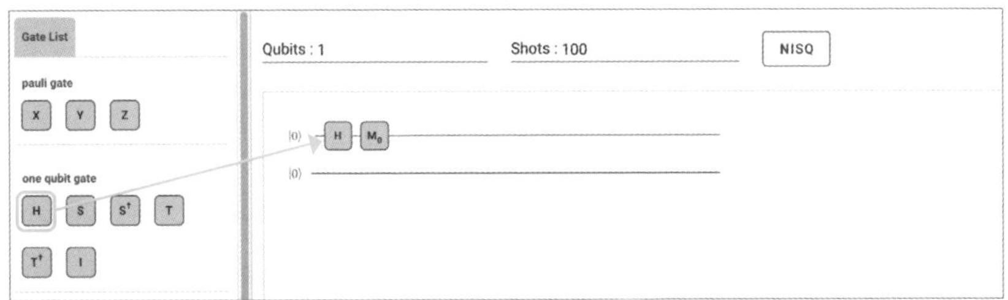

5-1-5 重ね合わせを意味する「H」のブロックを追加することで、0と1を重ね合わせる、つまりコインを回す状態を作れる

要するにこれは、どんな計算を行っているのですか？

1量子ビットで0と1を重ね合わせた状態、つまり1枚のコインを100回回した場合に表が出る回数と裏が出る回数を調べる計算です。「EXECUTION」ボタンを押して結果を見てみましょう。

右側にグラフが出てきました（図5-1-6）。

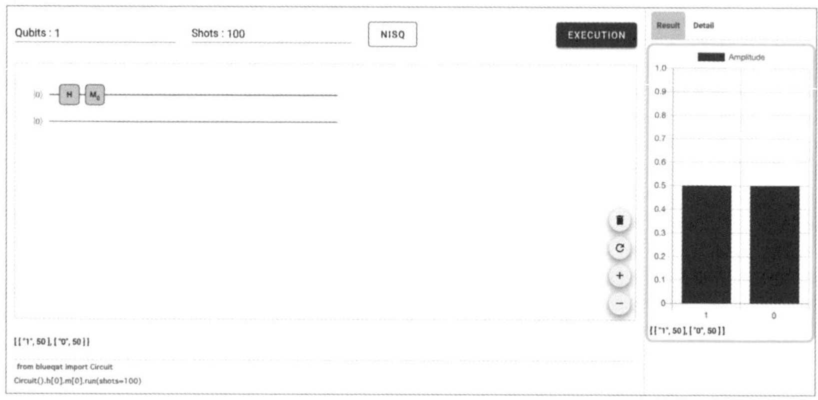

5-1-6 計算結果は棒グラフで表示される。この場合は結果が「1」になった数と、「0」になった数が示されている

ブロックで指定した操作を行ったときに、0と1がどのくらいの割合で出たかを表しています。詳しいグラフの見方は次節で説明しますね。

ここで表示される結果のグラフは、量子コンピューターのマイクロ波などが停止され、計算を終えたときの状態を意味する（84ページ参照）。

量子ビット数や計算回数の変更も可能

計算を最初からやり直したり、量子ビット数を変えたりする場合はどうしたらいいですか？

配置したブロックをすべて消去する場合は、図5-1-7のようにゴミ箱のボタンをクリックします。「Qubits」の数字を変更すれば中央の横線の数が変わり、量子ビット数を変更できます。

5-1-7 ゴミ箱のボタンで配置したブロックをすべて削除できる。量子ビット数やショット数は、数字を入力するか入力欄で上下矢印キーを押すと変更可能

ショット数を増やした場合は何が変わるんでしょう？

計算の回数が増えることを意味します。今は同じ計算を100回行う設定ですが、これを1000回にしたり10000回にしたりできます。詳しくは後で説明しますが、計算回数を増やしても、実は結果の割合は同じなんですよ。

このほかに覚えておいたほうがいい操作はありますか？

「＋」「－」のボタンで画面の拡大と縮小を行えます。また、丸い矢印のボタンはサイズを初期状態に戻すときに使います。

シミュレーターを使うことで、量子コンピューターの動きを視覚的に確認できるのですね。結果をグラフで確認できるので、理屈だけで学ぶより理解が深まりそうです。

Chapter5

2 シミュレーターを使って簡単な操作してみよう

シミュレーターを使うと、実際には目に見えない量子の操作を把握できるようになります。まずは0と1を変える、つまり「コインの表と裏をひっくり返す」操作を行ってみましょう。

「コインをひっくり返す」操作を行う

シミュレーターを使うと、第3章で学んだようなコインをひっくり返したり回したりする操作を体験できるということですね。

その通りです。さまざまな操作を試してみる前に、まず「何もしないとどうなるか」を確認してみましょう。図5-2-1のように「Qubits」を「1」、「Shots」を「100」にして、線の上に「M」のブロックを配置したら、「EXECUTION」を押して計算を実行してください。

5-2-1 何の操作もせずに、初期状態で計算を行った結果。量子の初期状態は「0」なので、結果もすべて「0」となる

「0」のグラフが1本だけ出ました。どういう意味ですか？

初期状態、つまり量子ビットが0の状態で100回計算すると、0が100回出る結果になるということです。初期状態のままでは、何回計算しても結果を0になることを意味します。

コインでいえば、最初に表にしたまま計算すれば、ずっと表のままということですね。もし、「コインを1回ひっくり返す」操作を行う場合はどのようにすればいいですか？

コインをひっくり返す操作を行う場合は、図5-2-2のように「M」のブロックの手前に「X」のブロックを追加します。

計算結果のグラフが出ました。今度はすべて「1」になっています。

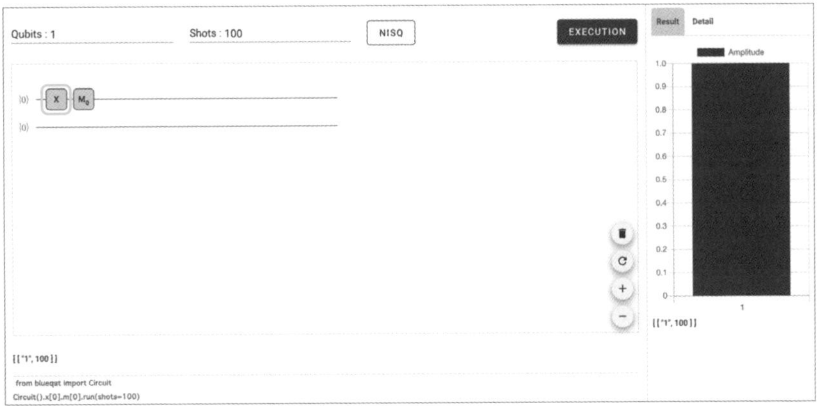

5-2-2 コインをひっくり返した後に計算を行った結果。初期状態の「0」から、「1」に結果が変わっている

このグラフは、初期状態からコインを1回ひっくり返して1、つまりコインを裏にした状態にして、100回計算した結果です。

コインを裏返して100回計算しても、結果は毎回裏になるということですね。

第5章 量子コンピューターを体験しよう

コインを2回ひっくり返すと？

もし、コインを2回ひっくり返すとどんな結果になりますか？

2回ひっくり返すということは、「X」が2個入ることになります。先ほどの状態から「X」のブロックをもう1つ追加して計算してみましょう（図5-2-3）。

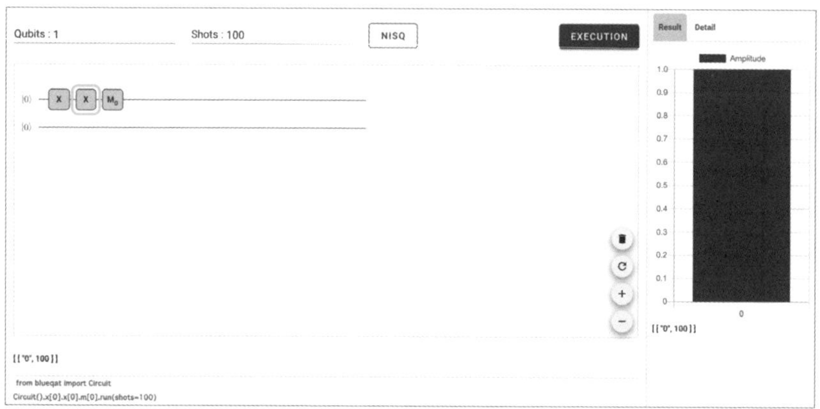

5-2-3 コインを2回ひっくり返した場合。1回ひっくり返すと「0」から「1」に、2回目で「0」に戻るため結果は「0」となる

答えがすべて「0」になりました。コインなら表ということですね。

初期状態で表だったコインを2回ひっくり返したので、「表→裏→表」で結果は表になります。

いずれにしても、重ね合わせを行わないと答えは1通りということなんですね。

その通りです。そこで必要になるのが、重ね合わせの計算なんです。次節で実際に挑戦してみましょう。

Chapter5
3
量子の「重ね合わせ」を体験してみよう

量子コンピューターならではの計算である「重ね合わせ」も、シミュレーターを使うと計算結果を視覚的に理解できます。1個の量子ビットで重ね合わせの計算を行ってみましょう。

シミュレーターで「重ね合わせ」の計算をする

重ね合わせの計算をするときは、どのようにブロックを並べればいいですか？

図5-3-1のように、「M」のブロックの手前に「H」を配置します。これで0と1の重ね合わせ、つまりコインを回した状態を作れます。

計算を実行すると、今度は「0」と「1」の2本のグラフが出てきました。

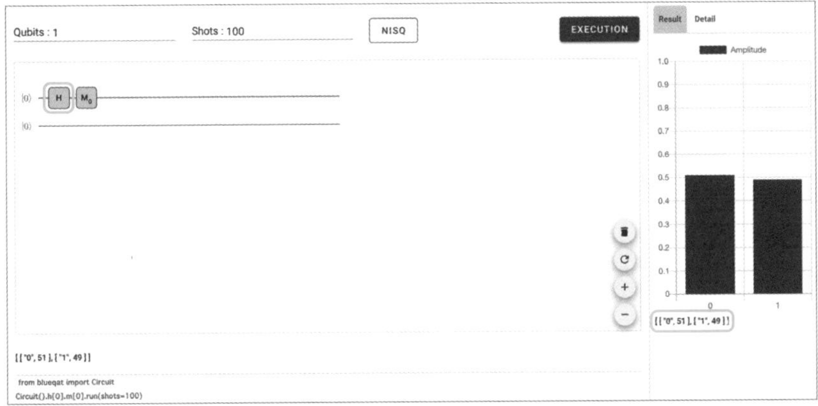

5-3-1 重ね合わせを使って計算した結果。コインを回してどちらに倒れるかの比率なので、「0」と「1」はおおむね半々になる。グラフの下にある数字は、0が51回、1が49回出たことを表している

重ね合わせの計算を100回行った結果、0が51回、1が49回出たという意味です。ちなみにこの割合は計算する度に変わります。

もう一度計算してみたら、今後は53と47になりました。

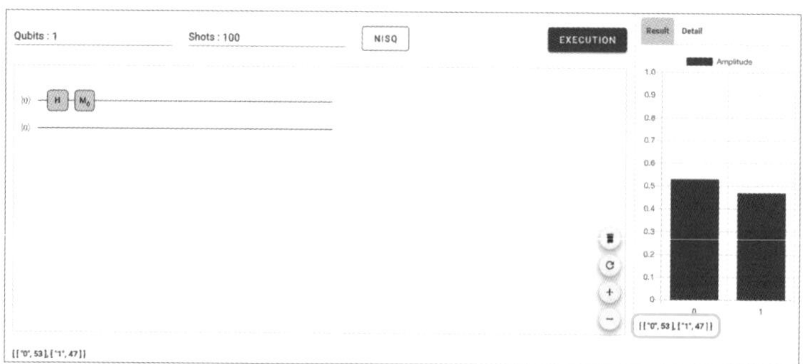

5-3-2 「EXECUTION」ボタンを押す度に計算をやり直すことができる。その場合も計算結果の「0」と「1」の比率はおよそ半々になる

これはコインを回すテストを100回行ったときに、表と裏どちらの面を上にして倒れるかを調べているのと同じことです。そのため細かい比率は変動しますが、結果はおおむね半々になります。

ショット数が増えた場合も同じですか？

基本的に同じですよ。10000回にしてみましょう。

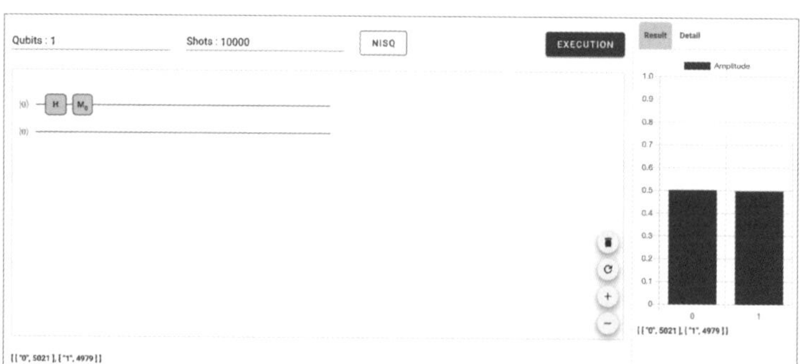

5-3-3 ショット数を10000にしても「0」と「1」の比率は同様。つまり、この計算では「0」と「1」が同程度となることがわかる

5021回と4979回になりました。やはり確率はだいたい半々ですね。

「コインをひっくり返した後に回す」操作をすると？

もし、コインを1回ひっくり返した後に回転させるとどうなりますか？

その場合は、図5-3-4のように「H」の前に「X」を追加します。コインを裏にしてから回すという意味ですね。

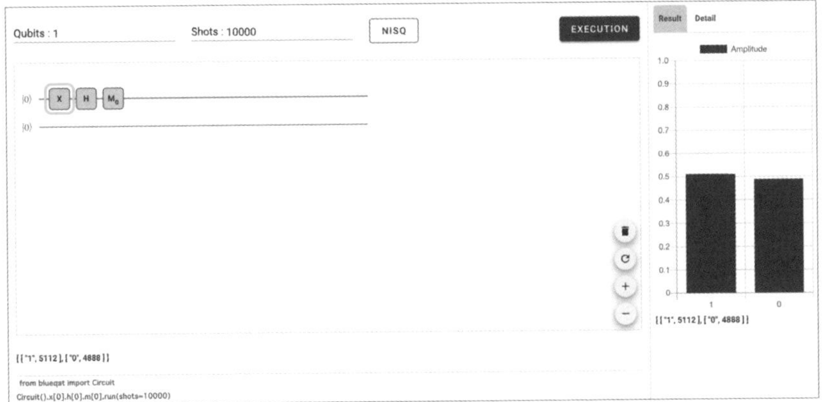

5-3-4 重ね合わせの計算の前に、コインをひっくり返す操作を行う「X」を追加した場合の結果。結果は先ほどと同様だ

やはり、0と1がおおむね半々になりました。最初にひっくり返しても、コインを回した結果は同じということですね。

そうですね。最初の状態が表でも裏でも、コインを回したときにどちらを上にして倒れるかは半々になることを意味します。

量子コンピューターの動きをシミュレーターを通して視覚的に確認することで、重ね合わせがなぜ必要なのかが見えてきました。

Chapter5
4 「量子もつれ」の動きを体験してみよう

量子のもう1つの特徴である「量子もつれ」を使った計算も、シミュレーターで確認できます。もつれを使わない場合との違いや、条件を変えたい場合に行う操作について理解しましょう。

「量子もつれ」を使った計算に挑戦

前項では、量子ビットが1個の状態で計算しましたが、量子ビットが2個以上の場合はどうなりますか？

実際に試してみましょう。図5-4-1のように量子ビット数を「2」にしたら、それぞれに「H」のブロックを配置して計算します。これは、「2個のコインをそれぞれ回したときに、表と裏の組み合わせがどうなるか」を調べています。

5-4-1 もつれを使わずに2個の量子ビットで重ね合わせの計算を行うと、結果の組み合わせが4通りになる

グラフが4本になりました。「10」が「裏・表」、「00」が「表・表」、「01」が「表・裏」、「11」が「裏・裏」ですね。グラフが2本のときに比べてややこしい印象です。

そうなんです。2個のコインを別々に回すと結果の組み合わせの数が増えてしまいます。

第2章（49ページ）でも学びましたね。このような場合に組み合わせを減らすために使うのが量子もつれでしたよね。

その通りです。シミュレーターで量子もつれを使う場合は、図5-4-2の手順で「CX」のブロックを1本目の線の「H」のブロックと「M」のブロックの間に配置します。

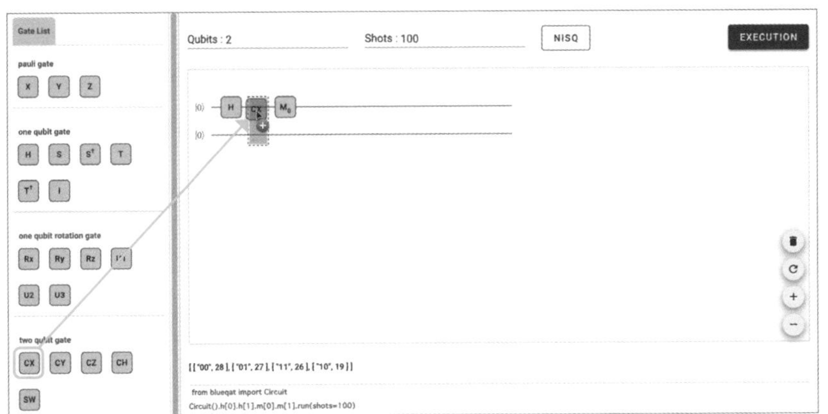

5-4-2 もつれの計算を行うときは、「CX」のブロックを使用。2本の横線のうち、上側の線にドラッグ＆ドロップする

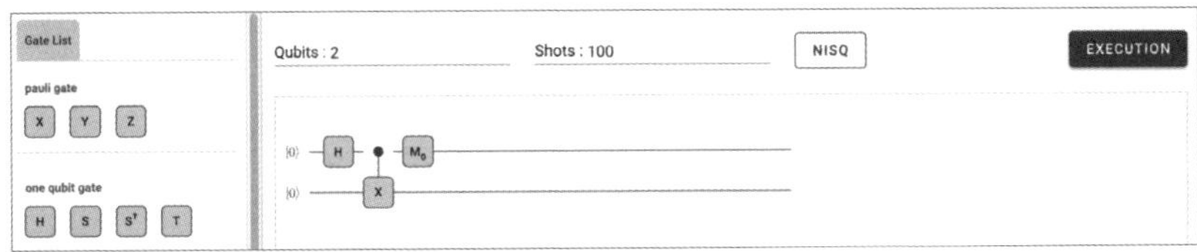

5-4-3 「CX」のブロックを追加すると、ブロックの表示が縦線のついた「X」に変わる。これで2個の量子ビットのもつれを作れた

2本の横線が縦線でつながった状態になりました。

これで、2つの量子ビットをもつれさせた状態になります。続いて、図5-4-4のように2本目の横線の「X」の後ろに「M」ブロックを配置して計算を行ってみましょう。

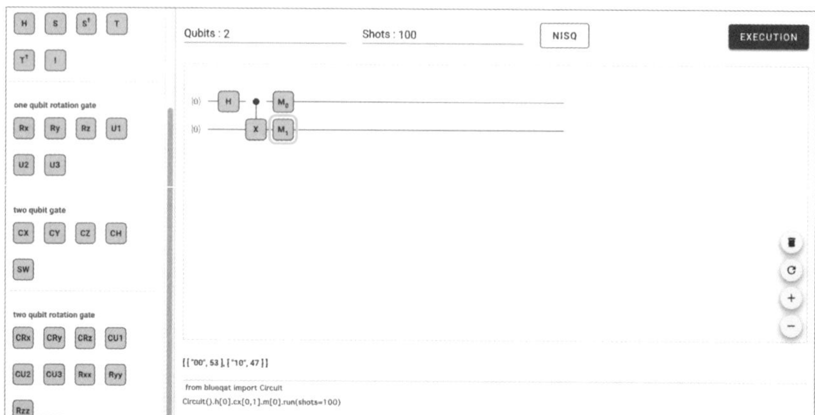

5-4-4 2本目の横線の末尾に「M」ブロックを配置したら、「EXECUTION」ボタンで計算を実行する

「11」と「00」のグラフが出ました（図5-4-5）。コインでいえば「裏・裏」と「表・表」の組み合わせですね。

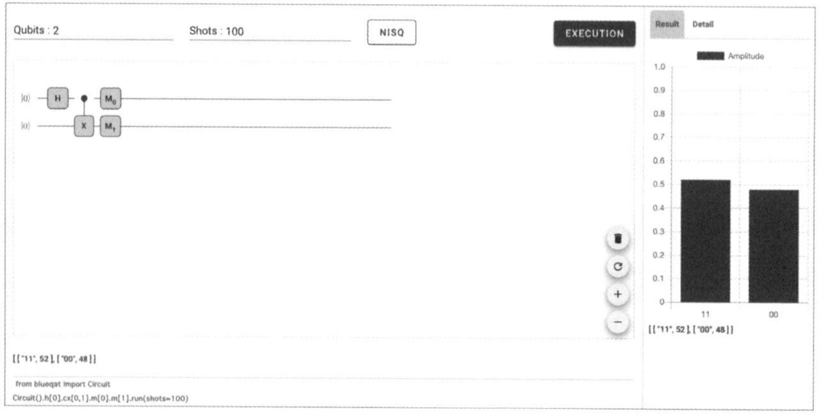

5-4-5 2個の量子ビットをもつれさせた計算の結果。この場合、答えの組み合わせは「11」と「00」の2通りとなっている

今回は、「1個目のコインが表なら、2個目のコインも必ず表、1個目のコインが裏なら、2個目のコインも必ず裏」というルールを設定したので、このような結果になります。

もつれのルールを変えて計算してみる

「1個目のコインが表なら、2個目は裏」というルールで計算する場合はどうすればいいのですか？

コインをひっくり返す操作を加えます。図5-4-6のように2本目の横線の上の横線とつながっている「X」と「M」の間に、新しく「X」のブロックを加えて計算してみましょう。

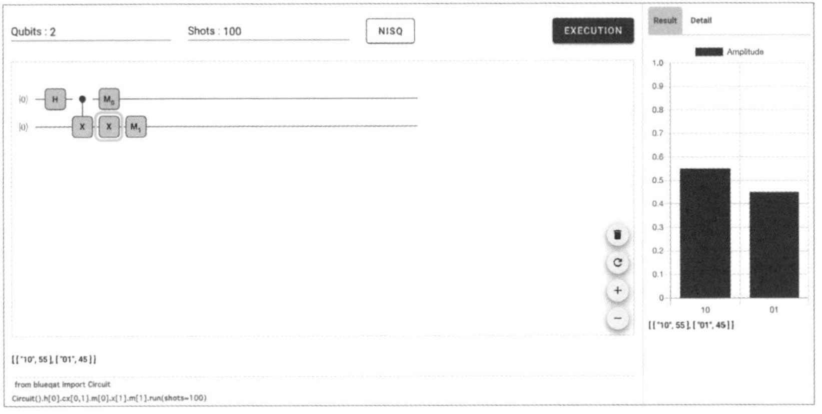

5-4-6 「H」のブロックを追加して、量子もつれのルールを変更。答えの組み合わせが「10」と「01」の2通りに変わった

グラフが「10」と「01」になりました。コインなら「裏・表」と「表・裏」の組み合わせですね。

そうです。このように量子もつれを使うことで、結果の組み合わせの数を減らしながら計算を行えます。

重ね合わせを行わずにもつれさせると？

ところで、今回試した計算では最初に重ね合わせの「H」のブロックを入れていますが、これは何のためですか？

最初に重ね合わせを行わないとどうなるか試してみましょう。図5-4-5の状態から「H」のブロックを取り除いた状態で計算を実行します。

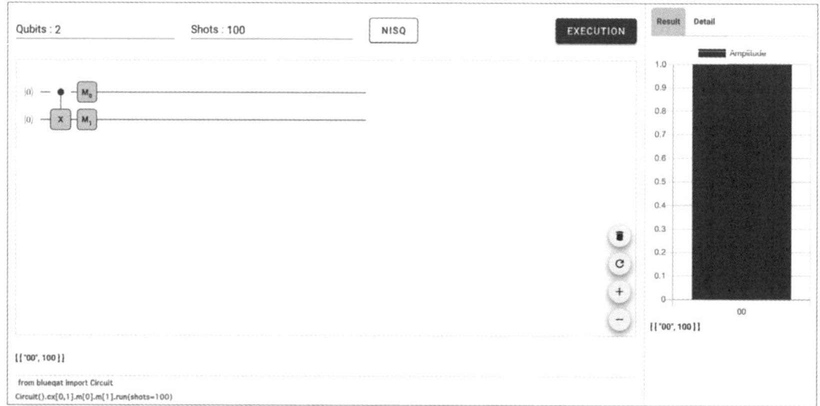

5-4-7 コインを回す操作を意味する「H」のブロックを入れずにもつれを使った計算を行うと、結果は1通りだけになる

「00」のグラフだけが出ました。すべての結果が「表・表」になるということですね。

そうなんです。重ね合わせを行わない、つまりコインを回さない状態でいくらもつれの計算をしても、結果は1通りしか出ないということです。

コインをひっくり返した後に、重ね合わせをせずに計算した場合はどうなりますか？

その場合は、図5-4-8のように1本目の横線のいちばん左に「X」のブロックを追加して計算します。

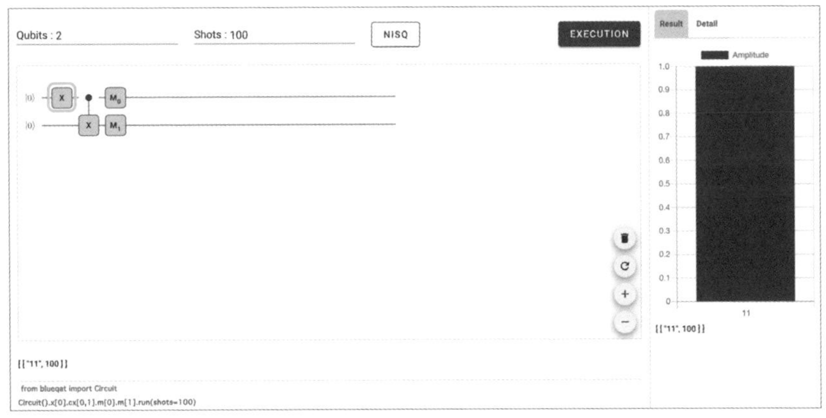

5-4-8 コインをひっくり返した後に、重ね合わせをせずにもつれの計算を実行。やはり1通りの結果しか出ない

今度はすべて「11」つまり「裏・裏」になりましたね。

そうです。「X」を入れるとひっくり返した状態で計算するので、結果はすべて裏になります。

いずれにしても、「H」を入れないと結果は1通りだけになってしまうということですね。

その通りです。表と裏の両方の組み合わせを同時に計算するには、重ね合わせを使う必要があります。

シミュレーターを使うことで、量子もつれを使って計算するとどんな結果になるのか、なぜ量子もつれが必要なのかが見えてきました。

Chapter5

5 シミュレーターで簡単な計算をしてみよう

シミュレーターを使うと、重ね合わせやもつれを使った計算を体験できます。ここではその前段階として、量子の性質を使わずに通常の方法で計算を行う方法を学びます。

シミュレーターを使って足し算をする

シミュレーターを使うことで、重ね合わせやもつれを使った量子の動きを調べることができるのはわかりましたが、**実際にどんなことができるのでしょうか？**

わかりやすいものでいうと、**複数の計算を同時に行う**場合などに使えますよ。たとえば、「0＋0」「0＋1」「1＋0」「1＋1」の4つの式の答えを出したい場合はどうしますか？

それぞれを順番に計算して答えを出すと思います。

この計算は単純なのそれでもすぐに答えがわかりますが、複雑な計算を行う場合、時間がかかりすぎてしまう場合があります。そんなときに、**量子の性質である重ね合わせともつれを使うことで同時に計算できる**んです。

具体的にどんな動きをしているのですか？

量子の性質を使った計算を試す前に、まずは仕組みを理解するために個別に計算してみましょう。「0＋0」を計算する場合は、次の図5-5-1のようにブロックを並べます。

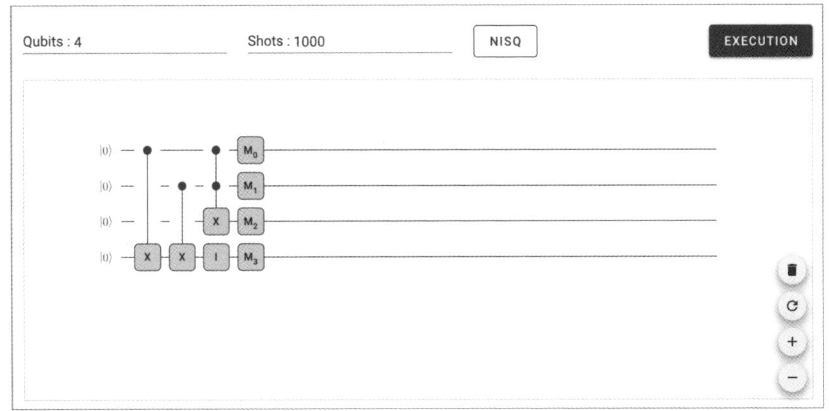

5-5-1 シミュレーターで「0＋0」の計算を行う場合のブロックの配置。0を計算する場合、量子ビットは初期状態のままとする

これで計算をしているということですか？ どうやって見ればいいのでしょうか……？

1量子ビット目と2量子ビット目が入力、つまり計算の式を表し、3量子ビット目と4量子ビット目が出力、つまり計算の答えを表しています。

一般的な数式とはかなり違うように見えますが、どうしてこれで「0＋0」になるんですか？

量子ビットは、初期状態では「0」なので、何も操作をしなければ「0」の状態です。そして、1量子ビット目には、コインをひっくり返す操作を意味する「X」のブロックや、コインを回す操作を意味する「H」のブロックが入っていません。

つまり、初期状態の0のままということですか？

その通りです。2量子ビット目も同様で、何も操作を行っていないので「0」の状態となります。

3量子ビット目と4量子ビット目は何をしているのでしょうか？

1、2量子ビット目の入力に対する出力を得るための操作をしています。ここでは、「CX」と「CCX」というブロックを使っています。このうちCXは1の位の計算を行うものです。そしてCCXは、1番目と2番目の量子ビットの両方が1のときだけXゲートを3番目の量子ビットに適用する、10の桁を計算しています。

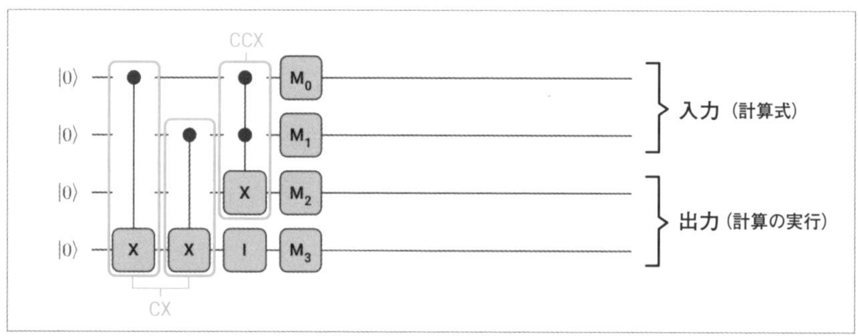

5-5-2 この計算では、シミュレーターの上2行が入力（計算式）を、下2行が出力（計算の実行）を表している。CXとCCXブロックは、挿入位置に配置し、画面右の［Result］を［Detail］に切り替えたうえでブロックをダブルクリックすると、［control bit］（ブロックで制御するビット）と［target bit］（ブロックを配置するビット）を設定できる。たとえば左端の「X」は［control］が0、［target］が3となる

なんだか複雑ですね。あまりイメージができません。

計算の答えを出せる仕組みについては少々複雑な話になってしまうので、ここでは「3量子ビット目と4量子ビット目で足し算をしている」ということだけ理解しておけば大丈夫です。

計算の答えはどこに出ているのですか？

右側のグラフの下の数字を見れば、答えを確認できます（図5-5-3）。

「0000」となっていますね（図5-5-3）。

これで「0＋0＝00」を意味しています。つまりこの場合の計算の答えは「00」ということです。

0＋0の答えは確かに0です。不思議な感じがしますが、計算機のような動きをしているということなんですね。

5-5-3 「EXECUTION」をクリックすると計算を実行できる。計算結果は右側のグラフの下の4桁の数字のうち下2桁を見る

式を変えて計算をしてみよう

続いて計算式を少し変えて、「1＋0」の計算をしてみましょう。この場合は、1量子ビット目を「1」にするために、「X」のブロックを入れます（図5-5-4）。

「X」はコインをひっくり返す操作にあたるものでしたね。これで1量子ビット目が「0」から「1」に変わるということでしょうか？

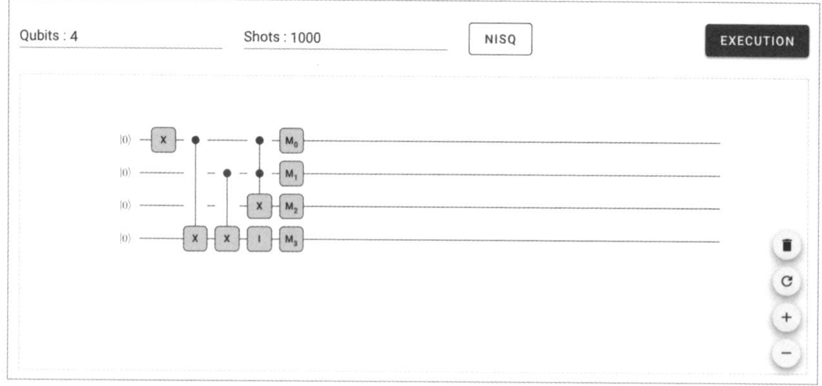

5-5-4 「1+0」を計算するときは、1量子ビット目は「X」のブロックを追加して「1」にして、2量子ビット目は初期状態のままにする

正解です。2量子ビット目は「0」なので、何も操作をせずにそのままとなります。これで計算をすると、今度はグラフの下の数字が「1001」になります。

これは「1＋0＝01」ということなので、計算の答えは「01」ですね（図5-5-5）。

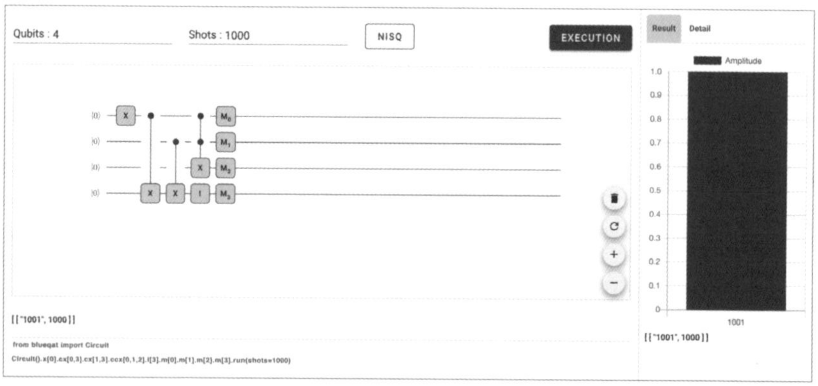

5-5-5 シミュレーターで「1＋0」を計算すると、答えは「01」となる。同じような要領でほかの計算も行っていく

なんとなく流れがわかってきました。今とは逆に、「0＋1」を計算するなら、先ほどとは逆に1量子ビット目は初期状態のまま、2量子ビット目は「X」のブロックを入れて「1」にすればいいということですね。

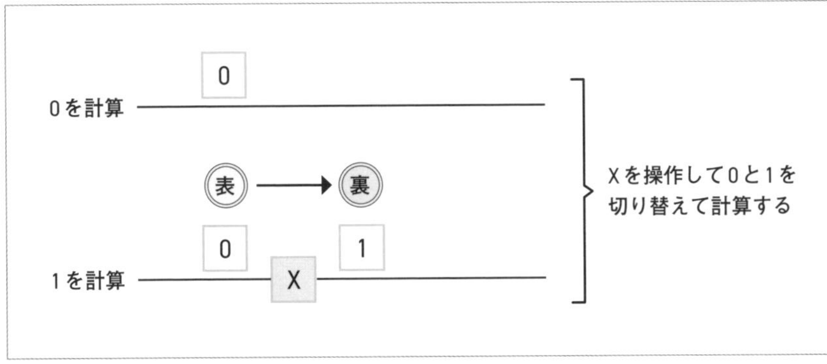

5-5-6　0を計算するときは量子ビットを初期状態で使い、1を計算するときは「X」を加えてコインをひっくり返す操作を行う

その通りです。計算を実行してみましょう。

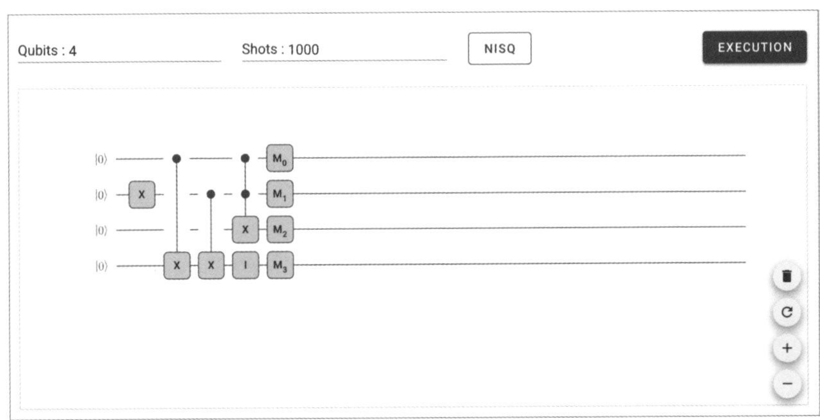

5-5-7　「0+1」の場合は先ほどの計算とは逆に、1量子ビット目は初期状態のまま、2量子ビット目に「X」を加え計算する

「0101」になりました。「0 + 1 = 01」という意味ですね。

5-5-8 「0＋1」の計算をした場合も、「1＋0」の計算を行った場合と同じく答えは「01」となる

では続いて、「1＋1」の計算をしてみましょう。この場合は、図5-5-9のように1量子ビット目、2量子ビット目ともに「X」のブロックを入れて「1」の状態にします。

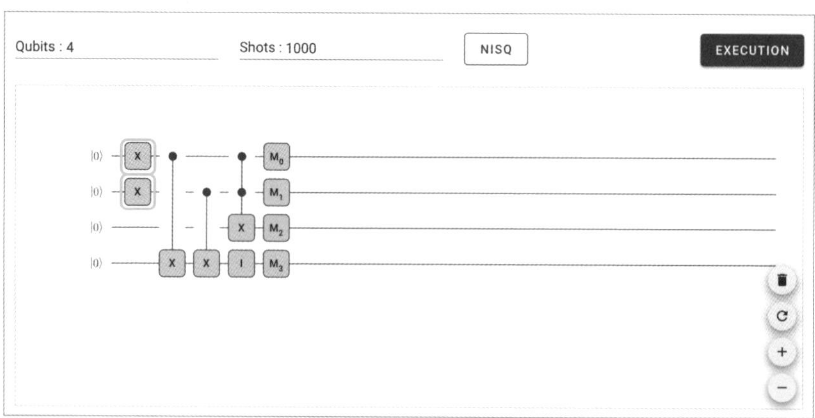

5-5-9 「1＋1」の場合は1量子ビット目と2量子ビット目の両方に「X」のブロックを追加して計算を行う

グラフの下の数字が「1110」となっているので、「1 + 1 = 10」を意味しているということですね（図5-5-10）。でも、1 + 1の答えは10ではないですよね……？

この数字は二進法で表されています。二進法の「10」は十進法の「2」を意味します（21ページ参照）

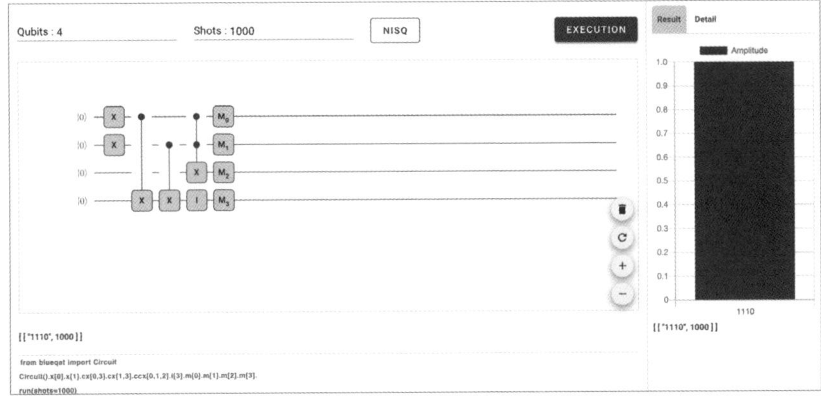

5-5-10 シミュレーターの計算結果は二進法で表されるため、十進法で答えが「2」になるこの計算は「10」となる

なるほど！　つまりこの場合もちゃんと計算の答えが出ているということですね。

ここまでは、4つの計算をバラバラに行いました。でもその都度数字を変えて計算し直すのは面倒だと感じませんか？

たしかにそうですね。そこで役立つのが、重ね合わせともつれを使った計算ということですね。次節で詳しく教えてください。

Chapter5 **6**

重ね合わせともつれを使った計算をしてみよう

量子の性質である重ね合わせともつれを使うと、前項で個別に行った4つの計算を同時に行えるようになります。シミュレーターを使った計算の手順を見ていきましょう。

4つの計算を同時に実行する

前項でシミュレーターを使って行った計算は、量子の性質を使ったものではなかったということですよね？

そうですね。従来型のコンピュータと同じで、1つひとつの足し算に対応する回路について、Xの数を調整しながら作る必要がありました。

だから4つの計算をするために回路を4種類作ったのでしたね。

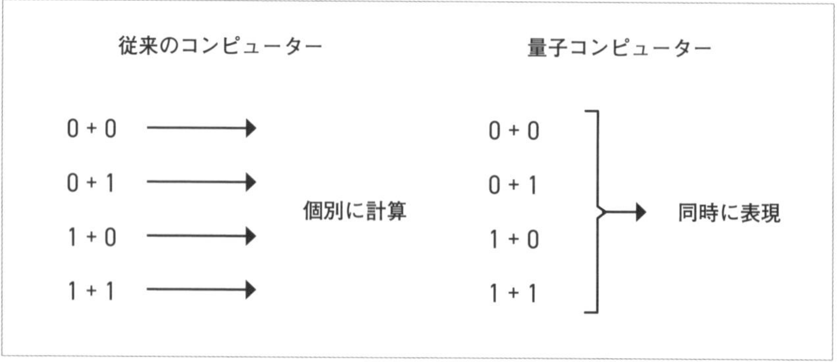

5-6-1 従来型のコンピューターでは、それぞれの計算を個別に行う必要があるが、重ね合わせともつれを使うと同時に表現できる

それに対して量子コンピュータでは、重ね合わせを利用することで1つの量子回路で4種類の足し算を表現できます。

どのような回路になるのでしょうか？

図5-6-2がその回路です。最初のXで数字を作る代わりにHゲートを使って重ね合わせを入力している点に注目してください。1量子ビット目と2量子ビット目は両方とも重ね合わせになっていることから、「00」「01」「10」「11」を表しています。

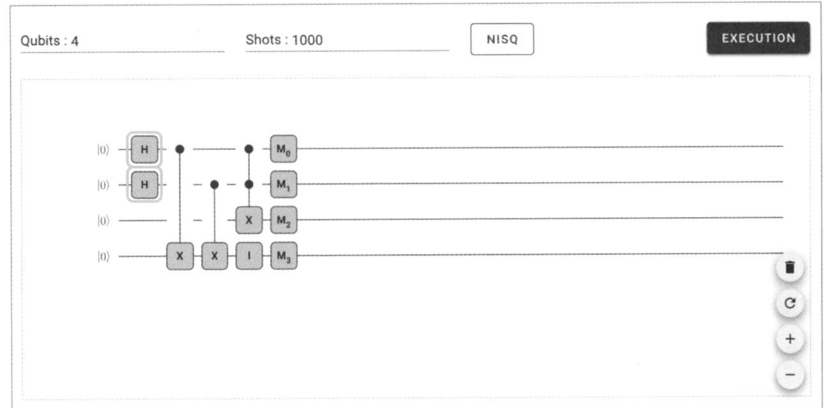

5-6-2　1量子ビット目と2量子ビット目に、それぞれ「H」のブロックを追加して重ね合わせの状態にしたうえで計算する

「0 + 0」「0 + 1」「1 + 0」「1 + 1」の4つの計算を同時に表現しているということですか？

その通りです。そして、計算した答えも4種類の答えがおおよそ4分の1ずつ出てきます。

グラフが4本現れました（図5-6-3）。これが、それぞれの計算の結果ということですね。

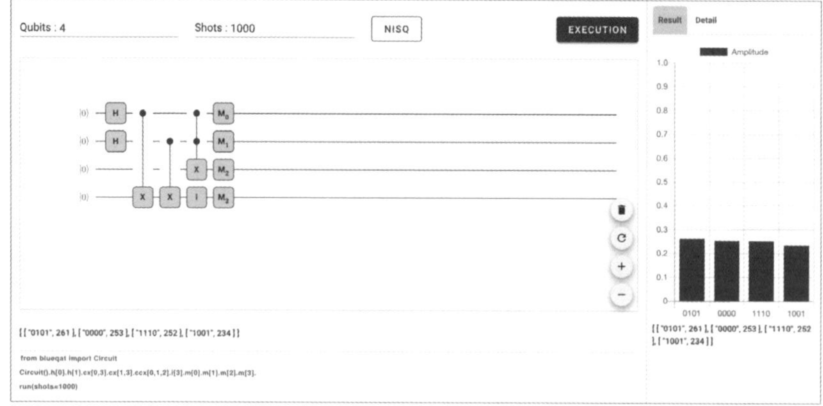

5-6-3 4つの計算を同時に行っているので、計算結果のグラフは4本現れる。答えの数は1/4ずつくらいになる

そうです。グラフの下の数字を見ると、前項で個別に行った計算と同じになっていることがわかると思います。

なるほど。つまり、「0 + 0 = 00」「0 + 1 = 01」「1 + 0 = 01」「1 + 1 = 10」の計算が一気にできたということですね。たしかに効率的ですね。

シミュレーターはどんなときに使う？

今回はわかりやすく簡単な計算の例で教えていただきましたが、このようなシミュレーターは、実際の研究開発の場ではどんな使われ方をしているのですか？

将来的に量子コンピューターでできると予測されていることについて、その計算の一部を試してみるという段階ですね。

ということは、第4章で教えていただいたような材料化学計算や最適化計算そのものを行えるわけではないということですか？

それはまだできませんね。計算のなかのごく一部をシミュレートできるだけです。将来的に期待されている量子コンピューターを使った計算そのものを車にたとえるなら、シミュレーターで行ってる計算は、ホイールをはめるネジ1個を作る程度のものです。

将来的に量子コンピューターが実用化されることを見すえた、ほんの一部の計算をしているだけなんですね。

5-6-4 シミュレーターでできる計算は、量子コンピューターで行える計算のほんの一部。車の部品でいえばネジ1本程度にすぎない

そのほかに、量子コンピューターを理解するための学習用教材としても活用されていますよ。

たしかに、本来目に見えない量子の動きが可視化されるので、漠然としていた重ね合わせやもつれをイメージしやすくなりました。

量子コンピューターが実用化されるのはまだ先だと考えられていますが、実現に向けた準備は着々と進んでいるんです。

一般のビジネスパーソンにとっては少し遠い存在のように感じますが、実現すれば大きな可能性があるのが量子コンピューターということですね。

column

シミュレーターにChatGPTを使う

シミュレーターを使うには量子回路の基本やブロックの配置ルールなどを理解している必要があり、慣れない人にとっては少々難しく感じるかもしれません。そこで役立つのが、現在さまざまな分野で注目を集めているChatGPTです。

シミュレーターの種類によっては、作りたい回路をChatGPTに指示するだけで実装例を生成することができます。たとえば、Qiskitというシミュレーターを使って量子テレポーテーションの回路を作る場合なら、「Qiskitで量子テレポーテーションを書いて」と指示するだけで回路の実装例が生成されます。

実装例にしたがって、たとえば「qc.h(1)」なら、「H」のブロックを1番に配置するといった感じで回路を組み立てることができます。自分で考えることなく回路が完成するので、シミュレーターを使うハードルが大きく下がるはずです。

ただし、ChatGPTの回答は必ずしも正しいとは限らないため、本当に動くかどうかの検証はきちんと行う必要があります。

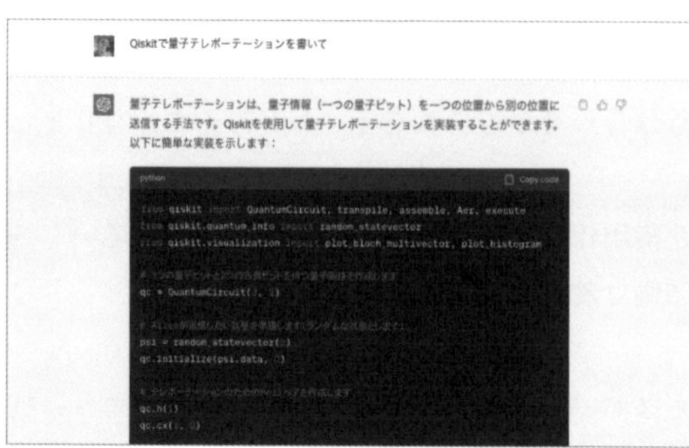

5-C-1 ChatGPTで、使用するシミュレーターと作りたい回路を指定すれば、実装例が表示される。この通りに回路を組めばよい

著者プロフィール

湊 雄一郎（みなと ゆういちろう）

東京都生まれ。東京大学工学部卒業。隈研吾建築都市設計事務所を経て、2008年にMDR（現blueqat）株式会社設立。2015年 総務省異能vation最終採択、2017～19年 内閣府ImPACT山本プロジェクトPM補佐、2019～2021年 文科省さきがけ量子情報領域アドバイザー、2022年～ SEMI量子コンピュータ協議会委員長を務める。2022年 Nature社ScientificReports物理学分野論文TOP100の2位（https://www.nature.com/collections/ehjdcaeiag/）。最近の研究テーマは深層学習・量子機械学習・テンソルネットワーク・テンソル分解など。

酒井麻里子（さかい まりこ）

ITライター。企業のDXやデジタル活用、働き方改革などに関する取材や、経営者・技術者へのインタビュー、技術解説記事、スマホ・ガジェット等のレビュー記事などを執筆。メタバース・XRのビジネスや教育、地方創生といった分野での活用に可能性を感じ、2021年8月よりWEBマガジン『Zat's VR』（https://vr-comm.jp/）を運営。メタバースに関するニュースや、展示会・イベントレポート、ツールの解説やレビューなどを発信。Yahoo!ニュース公式コメンテーター（IT分野）。株式会社ウレルブン代表。Twitter（@sakaicat）では、デジタル関連の気になった話題や役立つ情報などを発信。

スタッフ

テクニカルレビュー　門間穣司

ブックデザイン　山之口正和＋齋藤友貴（OKIKATA）
登場人物イラスト　朝野ペコ

制作担当デスク　柏倉真理子
DTP　町田有美
デザイン制作室　今津幸弘

副編集長　田淵 豪
編集長　藤井貴志

■商品に関する問い合わせ先
このたびは弊社商品をご購入いただきありがとうございます。本書の内容などに関するお問い合わせは、下記のURLまたは二次元バーコードにある問い合わせフォームからお送りください。

https://book.impress.co.jp/info/

上記フォームがご利用いただけない場合のメールでの問い合わせ先
info@impress.co.jp
※お問い合わせの際は、書名、ISBN、お名前、お電話番号、メールアドレス に加えて、「該当するページ」と「具体的なご質問内容」「お使いの動作環境」を必ずご明記ください。なお、本書の範囲を超えるご質問にはお答えできないのでご了承ください。

●電話やFAX でのご質問には対応しておりません。また、封書でのお問い合わせは回答までに日数をいただく場合があります。あらかじめご了承ください。
●インプレスブックスの本書情報ページ　https://book.impress.co.jp/books/1123101014 では、本書のサポート情報や正誤表・訂正情報などを提供しています。あわせてご確認ください。
●本書の奥付に記載されている初版発行日から3年が経過した場合、もしくは本書で紹介している製品やサービスについて提供会社によるサポートが終了した場合はご質問にお答えできない場合があります。

■落丁・乱丁本などの問い合わせ先
FAX　03-6837-5023
service@impress.co.jp
※古書店で購入された商品はお取り替えできません。

先読み！IT×ビジネス講座
量子コンピューター

2023年8月11日　初版発行

著　者　湊 雄一郎、酒井麻里子
発行人　高橋隆志
発行所　株式会社インプレス
〒101-0051　東京都千代田区神田神保町一丁目105番地
ホームページ　https://book.impress.co.jp/

印刷所　音羽印刷株式会社

ISBN978-4-295-01737-0 C0034
Printed in Japan